装备科技译著出版基金

量子技术与军事战略

Quantum Technologies and Military Strategy

[印度] 阿杰·莱勒（Ajey Lele） 著

郭惠丽　黄亚峰　陈新兵　张为鹏　张庆显　译

张为鹏　陈新兵　**审校**

国防工业出版社

·北京·

内 容 简 介

本书系统介绍了量子技术在军事领域的应用，重点阐述了量子技术的本质特点，量子技术在计算机、密码学、通信和互联网等方向的应用，以及对军事领域传统技术造成的巨大冲击。本书还系统讨论了量子技术在军事领域的应用，分析了量子技术的军事应用对未来军事战略长远而深刻的影响。

本书适合军事和国防领域的科研和管理人员阅读，也可以作为电子科学与技术、军事指挥等专业本科生、研究生的参考书。

著作权合同登记　图字:01－2023－5028号

图书在版编目(CIP)数据

量子技术与军事战略/(印)阿杰·莱勒
(Ajey Lele)著;郭惠丽等译. —北京:国防工业出
版社,2024.8. —ISBN 978－7－118－13425－4

Ⅰ. E919

中国国家版本馆 CIP 数据核字第 2024WT7675 号

First published in English under the title
Quantum Technologies and Military Strategy
by Ajey Lele
Copyright © Ajey Lele, 2021
This edition has been translated and published under licence from Springer Nature Switzerland AG.
本书简体中文版由 Springer 授权国防工业出版社独家出版发行。
版权所有，侵权必究。

※

国防工业出版社出版发行

(北京市海淀区紫竹院南路23号　邮政编码100048)
三河市天利华印刷装订有限公司印刷
新华书店经售

*

开本 710×1000　1/16　印张 10½　字数 184 千字
2024年8月第1版第1次印刷　印数 1—1500 册　定价 120.00 元

(本书如有印装错误，我社负责调换)

国防书店:(010)88540777　　书店传真:(010)88540776
发行业务:(010)88540717　　发行传真:(010)88540762

译者序

颠覆性技术不仅对国民经济的发展起到重要推动作用,对国防工业也有着非常重要的影响。作为颠覆性技术之一的量子技术,对未来的战争必将发挥重大甚至改变战争态势的决定性作用。当前,随着量子信息技术的快速发展及其在军事领域的逐步应用,不断引发和推动新军事革命及战争形态演变,受到世界各国高度关注,成为主要军事国家的发展重点。我国更加重视对颠覆性技术创新的相关研究及政策支持,并将颠覆性技术创新写入"十九大"报告;习近平总书记在主持中央政治局第二十四次集体学习中提出:"要充分认识推动量子科技发展的重要性和紧迫性,加强量子科技发展战略谋划和系统布局,把握大趋势,下好先手棋。"

量子技术被认为是"21世纪改变世界的技术之一",在加密通信、超高速运算、信息网络、定位导航等领域有着广阔的应用前景,会对未来战争形态和作战方式产生重要影响。对此,应深刻研判量子信息技术基础理论,积极探索量子信息技术的军事应用,探索量子技术对战斗力生成模式的改进革新作用。借助各个领域的量子技术,加快新型作战力量手段建设,构建现代化作战力量体系,创新实践量子技术装备的运用方式,充分发挥其作用效能,不断提升综合作战实力,努力争夺未来战争的制高点。

本书是斯普林格(Springer)出版公司2021年出版的一本关于量子技术与军事战略的最新学术专著,作者阿杰·莱勒(Ajey Lele)博士是印度新德里马诺哈尔·帕里卡尔国防研究和分析研究所的高级研究员,也是该研究所战略技术中心的负责人。作者一直在跟踪军事和国防技术的最前沿,其著作具有重要的参考价值。本书是一本全面、系统介绍量子技术在军事和国防领域应用的专著,介绍了量子技术的本质特点,量子技术在计算机、密码学、通信和互联网等方向的应用对军事和国防领域传统技术造成的巨大冲击;分析了量子技术的军事应用对未来军事战略长远而深刻的影响,给读者带来很大的震撼和冲击。与量子技术领域出版的其他著作相比,本书学术水平高、时效性强,介绍了世界各国量子技术的最新进展。本书独辟蹊径,极具特色,将量子技术理论与实践相结合,集实用性、先进性和前沿性于一体。本书撰写深入浅出、行文生动有趣,可提升普通读者的兴趣。

本书共10章。第1章介绍了量子物理。本章旨在揭示经典物理和量子物理的区别，并介绍量子叠加和量子纠缠现象。这些阐释有助于各个层次的读者对本书整体内容的理解；第 2 章阐述了量子技术的背景知识，介绍了从量子 1.0 到量子 2.0 所走的历程，从军事用途的角度理解了量子物理重要应用的必要性；第 3 章~第 6 章是本书的核心部分，涵盖了量子科学的各种重要军事应用。第 3 章介绍了量子计算机，与经典计算机相比，量子计算机的计算速度有质的飞跃，用于军事领域无疑会有先发制人的优势；第 4 章介绍了量子密码学，量子效应提供了非常有效的加密密匙，具有极高的安全性，特别适用于军事领域；第 5 章介绍了量子通信，利用量子物理学定律保护数据，并确保通信不会被黑客入侵；第 6 章介绍了量子互联网，运用量子力学原理传输和接收信息，使绝对安全的网络通信成为可能，由于对量子体的任何测量行为都是对量子体的修改，所以任何窥探量子信息的企图都会留下痕迹，可以被信息接收者监测到，因此用户将有望在一个绝对安全的通信网络上交流信息；第 7 章阐述了全球投资的性质，量子技术被视为推动第四次工业革命（工业 4.0）重要动力之一；第 8 章讨论量子技术的军事意义，并认为在 2040—2050 年，量子技术应用于国防领域将成为现实；第 9 章讨论了量子（军备）竞赛的战略意义，并认为量子技术具有深刻重塑国际体系的潜力。第 10 章为结语。

本书第 1 章由黄亚峰翻译；第 2 章由陈新兵翻译；第 3 章~第 6 章由郭惠丽翻译；第 7 章、第 9 章和第 10 章由张为鹏翻译；第 8 章由张庆显翻译。陈新兵进行了全书的第 1 次校对；张为鹏进行了全书的第 2 次校对，并对全书进行了最后的审校。

特别需要指出的是，本书较详细地介绍了中国在量子科技领域的研究进展及贡献，我们在整个翻译和审校过程都不忍释卷，加班加点完成了本书的翻译和审校。

本书获得"装备科技译著出版基金"资助。在图书翻译和出版过程中，国防工业出版社的编辑为此书的出版付出了辛勤的努力，以及西安近代化学研究所的各级领导，尤其是郭峰主任，对本译著提供了巨大的帮助，在此一并表示感谢。

他山之石，可以攻玉，引进国外优秀专著，翻译并出版供国内同行参考，是我们翻译本书的主要目的。译者在忠实于原文表述的基础上，力求深入理解原著所涉及的技术概念，并就疑难点与科研人员进行了多次讨论和确定。尽管如此，由于译者水平有限，谬误和不妥之处仍在所难免，恳请读者不吝指正。希望本书能对量子技术相关领域的科研人员有所裨益，为促进我国国防工业的量子技术研究和发展尽绵薄之力。

译者
2023 年 9 月

前　言

如果量子技术开发成功，它将具有重塑未来世界的能力。长期以来，量子领域被认为违背了常识。1964年，物理学家约翰·斯图尔特·贝尔(John Stewart Bell)证明了量子物理学的概念可以用实际生活中的术语来解释。尽管如此，量子物理学所设想的技术的开发仍花费了多年的时间。众所周知，从21世纪初开始，科学家一直在研究建立量子系统的创新方法，并取得了一些初步的成效。显而易见，这些技术将获得广泛应用，会给未来的计算、通信和密码学等领域带来颠覆性变革。这些技术本质上是军用、民用双重用途的，其中军事用途正变得显而易见。本书试图让大家理解量子技术在战略领域中的重要性。

感谢新德里马诺哈尔·帕里卡尔国防研究和分析研究所的安·苏扬·R.奇诺伊(Amb. Sujan R. Chinoy)主任对我从事本书编写工作的支持和鼓励。感谢马诺哈尔·帕里卡尔国防研究和分析研究所图书馆的穆克什·库马尔(Mukesh Kumar)先生提供的有益帮助。

最后，我要感谢我的妻子普拉马达(Pramada)博士的支持，在家里她是我的物理老师。本书中的评述仅代表个人的观点。

Ajey Lele 高级研究员（印度）
印度新德里
2021年3月

目　　录

第一篇

第1章　量子物理学：一个神秘的世界 ... 3
　　参考文献 ... 10

第2章　背景知识 ... 12
　　参考文献 ... 19

第二篇

第3章　量子计算机 ... 23
　　参考文献 ... 34

第4章　量子密码学 ... 36
　　参考文献 ... 48

第5章　量子通信 ... 50
　　参考文献 ... 56

第6章　量子互联网 ... 58
　　参考文献 ... 63

第三篇

第 7 章　全球投资 ··· 67
　　参考文献 ·· 97

第四篇

第 8 章　量子技术的军事重要性 ··· 103
　　8.1　技术和战争 ··· 103
　　8.2　军事应用 ·· 109
　　8.3　国防工业 ·· 121
　　参考文献 ·· 123

第 9 章　量子(军备)竞赛 ··· 126
　　9.1　军备竞赛的争议 ··· 126
　　9.2　量子技术可能导致军备竞赛 ··· 132
　　9.3　中美量子技术竞赛 ··· 135
　　9.4　量子技术竞赛：一个广阔的赛场 ····································· 140
　　9.5　目前量子技术竞赛的动力 ·· 146
　　参考文献 ·· 147

第五篇

第 10 章　结语 ·· 153

第一篇

任何没有被量子理论震撼到的人,都没有理解它。

——尼尔斯·玻尔(Niels Bohr)

第 1 章
量子物理学：一个神秘的世界

科学的发展经历了不同的阶段：第一阶段是不成熟的科学（也称前科学阶段）；第二阶段是常规科学（也称获得模式阶段）；第三阶段是革命科学，在这一阶段，科学的模式发生了变化。常规科学阶段基于给定的模式：一套理论、方法、形而上学和认识论的命题，这些命题在历史的某个时刻被接受。该种模式假定了世界的本体论，规定了科学可能会研究什么样的难题，以及什么是解决这些难题的适当办法；还确定了科学应该如何实践，以及科学的目标应该是什么。当然，这种模式往往出现异常，比如预测并没有实现，出现了明显的不一致，某些未经考虑的矛盾发生，等等。而科学革命的结构则是常规科学与模式和努力相结合，以解决遇到的难题。随之而来的，可能是出现的异常现象更严重，从而导致危机。[1-2] 从历史的角度看，科学革命会给旧模式及其理论、方法和原则带来重大的变革。虽然科学帮助我们了解了宇宙中的许多奥秘，但许多领域我们还没有得到确切的答案，这就导致迷信的出现。以"科学"的方式看待科学——尤其是科学的发展，就显得非常重要。最终，科学有望帮助人们消除对未知的恐惧。

长期以来，科学领域的各种创新、发现和突破一直影响和丰富着人类的生活，使个人和社会的生存变得容易，同时也帮助人类提高了生活水平，而科学中的新发现也具有塑造未来愿景的潜力。物理科学、地球科学和生命科学等主要科学分支带来了各种非同寻常的发展，这些科学分支的发展影响了人类的生活方式，使世界变得更加美好；提高了对物理学、化学、生物学等基础科学分支本质的认识，在人类生存所需的各种活动方面：从水到气候、从食品到工厂、从社会到安全等，取得了重要进展。

尤其是物理学，作为科学的一个基本分支，对人类的全面发展起到非常重要的作用，使我们理解了热、光、声、电和磁。物理学是一门基础科学，与数学紧密联系，还吸收了其他科学分支（主要是生物学、化学和材料科学）的精华。物理学研究自然的世界,使我们有了认知周围世界的可能性,并为我们阐释了周围世界各种现象的缘由。曾经有一种观点认为地球是平的,然而,后来许多哲学家、数学家、地理学家和物理学家借助精确的逻辑和科学的推理得出结论:地球是圆的! 总体而言,物理学研究物质、能量及其与其他各个领域的相互作用,其范围从微观到宏观。

随着时间的流逝,物理学的许多部分(或类型)都在发展,聚焦于该科学的不同特定研究领域。

物理学是关于对自然的理性认识。希腊语单词"nature"的意思是物理(希腊语单词 Phusika,意为自然的事物或自然)。这门科学的起源似乎发生在 15 世纪。物理学有许多分支,有些已经存在了几个世纪,有些则相对较新。物理学的"基础"分支包括力学、热力学和电磁学等主题。现代物理分支包括固体物理、等离子体物理、核物理、量子物理和低温物理学。早期物理学和现代物理学都有更多的分支,早期物理学(也就是 1900 年以前的物理学)实际上被认为是经典物理学。艾萨克·牛顿(Isaac Newton,1643—1727 年)和阿尔伯特·爱因斯坦(Albert Einstein,1879—1955 年)成功地提出了多种理论,被认为是现代物理学之父,他们在经典物理学领域也做出了重要贡献。在各种文献中或其他资料中,经典物理、经典力学、牛顿物理/力学这些术语都在互换使用。

经典物理学是关于早于现代的、更完整的或更广泛应用理论的物理学理论。它的基础是牛顿运动定律。经典理论的定义可从字面理解,不是研究电子运动和测量原子和亚原子粒子的学科。一般而言,经典物理学指的是 1900 年以前的物理学;而现代物理学指的是 1900 年以后的物理学,包含量子力学和相对论等要素。[3] 从本质上讲,经典力学研究的是作用力和运动之间关系的规律。

量子物理学与现代物理学密切相关。物理学的这一分支也被称为量子科学或量子力学。量子物理学是研究有关微观世界及其粒子的学科。即使在 21 世纪,这种形式的物理学也对科学界提出了重大挑战。量子科学被认为是物理学中最神秘、最激动人心的领域之一。曾经,许多著名的物理学家如阿尔伯特·爱因斯坦、维尔纳·海森堡(Werner Heisenberg)和埃尔温·薛定谔(Erwin Schrödinger)都对量子理论做出了重大贡献。由于波粒二象性、测不准原理等理论以及量子计算的前景,这一物理学分支获得了不可思议的赞誉。该领域的研究和发展为激光、互联网、个人计算机、现代电子等众多领域的发展做出了突出贡献。①

可以说,人类对物理学的好奇心始于一个基本问题——对宇宙的更多了解,

---

① https://study.com/academy/lesson/the-impact-of-physics-on-society.html,2019 年 7 月 14 日访问。

以及与我们周围发生的各种活动有关的好奇。这一切都与经典物理学的内容相关。可以这样说,理解自然的探索始于在普通(宏观)尺度上理解自然。我们会兴趣盎然地了解地球、月球、恒星和其他行星。总之,可以说,物理学的这一分支可以用于解决某些问题,如预测某一特定时间物体的位置和速度。然而,在理解以非常高的速度运动的极小粒子的性质时,新的问题产生了,而经典物理学理论无法为这些问题提供答案。这种粒子被称为亚原子尺度的粒子。通常,已知的原子具有3种亚原子粒子,即质子、电子和中子。在量子物理学中,存在既不是粒子也不是波的物质,事实上,它们呈现了两者的奇妙结合。量子理论可对未来进行概率预测。

简而言之,量子物理学和经典物理学的主要区别有点类似于斜坡和楼梯的区别。相对而言,经典物理学可以说是简单明了。在经典物理学/经典力学中,通常已知的事物在本质上是连续的,也就是说它们以平滑、有序和可预测的模式运动。弹丸运动是经典力学的一个很好的例子。可以说,这种"连续"的行为在彩虹中也可见到。彩虹中的颜色,频率从红色到紫色连续变化。在量子物理学中,事件则是不可预测的。电子在原子中可以从一个能级变化到下一个能级,从而发生能级跃迁。例如,对于发射光谱,不同的颜色变化代表电子的能级跃迁,这些颜色被暗区分开。暗区代表电子在能级之间进行量子跃迁的区域,因此是不连续的。在量子领域,另一个例子可能是"光的波粒二象性"的量子概念,意思是说,光既是有质量的粒子,又是没有质量的波。这一矛盾的概念说明了量子物理学与经典物理学相比有多么神奇。①

大量科学文献辨析了经典物理和量子物理之间的区别。然而,如果不涉及任何技术细节,仅仅是为了宽泛地轻描淡写,可以说,"如果有9个盒子和10只鸽子,那么至少一个盒子中会有至少两只鸽子,这便是经典理论;然而在量子理论中就不一样了,我们可以仅从两个盒子中穿透出无限个电子"。② 经典的鸽子洞理论是狄利克雷(Dirichlet)[4]在19世纪提出的,广泛应用于数论和组合学中。显而易见,这一原理使计数理论的基本概念正式化,然而可能与事先选择和事后选择的量子系统相违背。[5]

原子和亚原子粒子的行为与我们日常生活中发生的活动没有任何共同之处,其波特性通常无法被观察到。因此,为了解释它们的典型行为、特征和相互

---

① https://socratic.org/questions/how-does-quantum-mechanics-differ-from-classical-mechanics,2019年9月7日访问。

② http://www.esalq.usp.br/lepse/imgs/conteudo_thumb/What-is-the-difference-between-classicalphysics-and-quantum-physics.pdf,2019年10月4日访问。

作用,科学界开发了一种被称为标准粒子模型的数学模型。这个模型确立了物质的两个主要的基本粒子族,即夸克和轻子。该模型还提出了基本的力传递胶子,即规范玻色子和希格斯玻色子。基本上,通过夸克、轻子、规范玻色子和希格斯玻色子,标准粒子模型可将物质的能量转换联系起来。除此之外,可能还有像引力子这样的粒子,这种粒子是产生引力的原因,但不在标准粒子模型的范围之内。①

宇宙的各种基本力都遵循量子力学定律,重力除外。因此,科学家觉得有必要找到一种方法,将重力融入量子力学。然而,这项工作仍在进行中,预计该领域的任何进步都会使科学家向"万物理论"迈进一大步,该理论可以用第一性原理完全解释宇宙的运行规律。朝着这个方向迈出的最重要的第一步是了解重力是否是量子,并检测长期假设的引力基本粒子,即引力子。目前,为了寻找引力子,物理学家正转而开展有关微观超导体、自由下落晶体和大爆炸余辉等相关的实验。[6]

总而言之,量子物理学,通常被称为微观世界的学问,这些年来一直是科学界的一个挑战。马克斯·普朗克(Max Planck,1858—1947年)②和阿尔伯特·爱因斯坦这两位德裔物理学家对量子理论和经典理论的发展做出了重大贡献。正是普朗克简化了原子和亚原子处理,而爱因斯坦则提出了空间和时间的理论(相对论)。此外,维尔纳·海森堡和埃尔温·薛定谔等物理学家也做出了重要贡献。

事实上,物质的亚原子部分并不与那些可以被看到、感觉到或者把控的物体遵循同样的规则。量子世界的作用方式与宏观世界并不相同。例如,如果一个球在池塘上空被击中,那么它可以在空中航行并降落在对岸,也可能落入池塘内并产生涟漪,涟漪会在不断增大的圆圈中荡漾。这些涟漪最终可能到达另一边。在这两种情况下,都有些物体从一个地方运动到另一个地方,但只有在一种情况下才会产生涟漪。然而,实验中观察到,亚原子世界中的粒子偶尔会像波一样传播,而在另外一些情况下,它们也会像粒子一样运动。以光子来说,即构成光和辐射的粒子。事实上,光有时像波,有时像粒子(称为光子)。再如,在某些特定的实验中,声子的行为与粒子相似,而在另外一些情况下,声子的行为与波相似。但是,不可能同时以波和粒子的形式测量它们。从根本上说,正因为如此,量子理论才成为一个挑战。多年来,它有时让科学家兴奋不已,有时也让他们沮丧之至。对于科学界而言,兴奋点一直存在,因为这种理论有实验支持。众所周知,各种各样的实验已经验证了量子预测的准确性。然而,探索的旅程从来都不会一帆风顺,更重要的是,探索的旅程也尚未结束。

---

① https://www.clearias.com/classical-mechanics-vs-quantum-mechanics,2019年10月4日访问。
② 马克斯·普朗克是德国物理学家,是能量的量子理论的鼻祖,1918年被授予诺贝尔奖。

阿尔伯特·爱因斯坦在20世纪早期对量子理论进行了广泛的研究,并对这一课题的研究表达了挫败感。维尔纳·海森堡认为"基本粒子的客观真实的概念从此蒸发了"。他进一步声称:"一些物理学家更愿意回到客观真实世界这个思路上去,这个客观真实世界最小的部分实实在在地存在,就像石头或树木存在一样,不管我们是否观察它们。然而,这是不可能的。"除此之外,理查德·费曼(Richard Feynman,1918—1988年)则更幽默。他说:"我想我可以放心地说,没有人懂量子力学。"而尼尔斯·玻尔则直截了当。按照他的说法,"量子现象的不可分割性,根据所处场景,可以相应地表达为,每个可定义的细分,都需要随着新的个体现象的出现,相应地改变实验安排。"[7]

科学家们通过进行一些简单的实验,试图初步理解这一理论。为了帮助描述,他们使用了"思维实验"。这些实验基本上是想象的工具,用于各种目的,如教育、概念分析、探索、假设、理论选择和实施。① 在此背景下,引用最多的实验是薛定谔的猫。首先,薛定谔想象了一个密封的盒子,里面有一只猫。他想象着盒子里还有一个能释放毒气的装置。如果这种气体被释放出来,它就会杀死猫。假设气体被释放的概率为50%。所以,现在唯一能知道毒药是否被释放、猫是死是活的方法,就是打开盒子往里面看。猫只有两种可能,要么是活的,要么是死的。[13]然而,问题是,如果猫的行为像量子粒子一样,那么故事的结局将是不正常的。例如,光子可以是粒子和波。同样,薛定谔的猫可以同时是活的和死的!因此,可以笼统地说,打开盒子之前,可以认为,"猫同时是死的和活的"。[8]

实际上,薛定谔的这个让猫处于活态和死态的"叠加"状态的"思维实验",可以视为量子力学的症结所在。叠加被认为是量子力学(物理学)的基本原理之一。在经典物理学中,一个与音调相关的波可以看作几个具有不同频率的波叠加在一起。相应地,叠加的量子态可以看作其他不同量子态的线性组合。一个典型的可视化叠加的例子可以通过物理学中著名的双缝实验来理解。托马斯·杨(Thomas Young)的双缝实验使用一个非常微弱的光源,一次只发射一个光子,实验结果显示,尽管没有波相互干扰,这同样造成干涉。当每个光子以某种方式同时通过两个狭缝(由于叠加发生)并与自身干涉时,唯一的结果就是,单个光子可以干涉!值得注意的是,现实中永远无法观察到叠加现象。我们所知道的是,在单个叠加波彼此干涉之后,我们才知道它们的存在。这意味着,我们永远无法观察处于不确定状态或同时处于两个位置的原子。实际上,我们从不直接观察量子系统,而只观察它对环境的影响。

---

① https://plato.stanford.edu/entries/thought-experiment/,2021年1月20日访问。

量子力学(物理学)中另一种违反直觉的现象是"纠缠"。当描述的每个粒子的量子态不能独立于其他粒子的量子态时,一对或一组粒子会发生纠缠。系统作为一个整体的量子态是可以描述的,它处于一个确定的状态,尽管系统的各个部分都不确定。量子纠缠可被认为是相距较远的两个粒子之间的量子信息交换,而量子叠加则描述了一个(或多个)粒子同时处于多个状态的不确定性(这也可能涉及已知同时在多个位置的粒子的量子信息交换)。①

对于物理学家来说,有两本单独的规则手册来解释大自然是如何工作的。广义相对论解释了其对轨道行星、碰撞星系和整个膨胀宇宙的整体动力学的引力及其支配关系。而量子力学强调的是另外 3 种力:电磁力和两种核力。② 量子理论非常擅长描述铀原子衰变或单个光粒子撞击太阳能电池时发生的情况。③ 量子场论(QFT)的产生源于我们描述生命的瞬态性质的需要。这个理论非常重要,因为狭义相对论和量子力学并不相容。经典物理学(力学)无法解释超流体、超导、铁磁性、玻色 - 爱因斯坦凝聚等现象。同样,量子物理(力学)与广义相对论也不相容,这个理论其他的问题是对数学结构的一些阐释存在歧义。④

假设一艘快速移动的火箭推进式飞船接近光速,这里需要考虑狭义相对论,而对于质子上的低速运动的电子散射,则需要考虑量子力学。当狭义相对论和量子力学发生特殊的融合时,就会出现一组新的现象:粒子可以诞生,粒子也可以消失。正是这种出生、存续、消失的问题,需要物理学发展出一门新学科,即量子场论。在量子物理学中,测不准原理解释了能量为何可以在很小的时间间隔内剧烈波动。根据狭义相对论,能量可以转化为质量,反之亦然。借助量子物理学和狭义相对论,剧烈变化的能量可以转变为质量,即转变为以前不存在的新粒子。[9]

对于统治世界的力量,存在不同的看法。经典力学的各种理论都有其自身的关联性,并且在量子时代继续发挥作用。量子力学的多个方面仍悬而未决。20 世纪 60 年代,物理学家约翰·贝尔(John Bell)提出了一种测试量子力学的方法,被称为贝尔不等式。其想法是,爱丽丝(Alice)和鲍勃(Bob),或简称 A 和 B,

---

① https://www.quantum - inspire.com/kbase/superposition - and - entanglement/ 和 https://www.physics of the universe.com/topics_quantum_superposition.html,2020 年 3 月 26 日访问。
② 将质子分开的电力和作用于原子核内部的质子和中子的强力。
③ 相对论与量子力学:宇宙之战,《卫报》,2021 年 1 月 20 日访问。
④ https://www.wiziq.com/tutorial/167495 - Quantum - Physics - Failures - of - Quantum - Mechanics,2019 年 8 月 23 日访问。

两方测量了相距遥远但通过量子纠缠相互连接的粒子。① 假设世界完全由量子力学控制,这些遥远的粒子将通过量子相互作用由非局域关联控制,就像测量一个粒子的状态影响另一个粒子的状态一样。但是,一些替代理论表明,这些粒子似乎只是相互影响,但实际上它们是由遵循经典物理而非量子物理的其他隐藏的变量联系在一起的。② 研究人员进行了许多实验,以检验贝尔不等式,但不太成功。目前,这方面的研究仍在继续。

虽然量子物理学关注的是自然界中的粒子如何"聚在一起"并产生了它们独一无二的特性,如导电性或磁性,但研究人员很难深刻理解这些复杂现象,这是因为这些现象包含的粒子数量非常多(每克超过10亿个粒子),它们之间发生的相互作用数量巨大。现在,科学家们正在寻求通过人工智能(AI)等方法,以寻找解决这些挑战的答案。研究表明,基于深度神经网络的算法对更好地理解量子物理世界也有一定的作用。这种算法已经在面部识别和语音识别领域得到应用,目前可以用于理解自然界的量子行为。③

有一种观点认为,光合作用的过程,即绿色植物和一些细菌将阳光转化为化学能,实际上是利用"量子相干"现象获得了光捕获效能。这个过程包括电子量子态的叠加,这些电子量子态似乎能够同时探索许多能量传递路径。如果这个观点是正确的,那么它将有助于量子力学参加地球表面所有生命的基本能量过程。然而,科学界对此众说纷纭。虽然观测结果表明,参与能量或电子转移的态的波函数之间存在关联,但科学界的一些人并不认为这些效应是真正的量子相干活动,在某种意义上理解了量子计算的纠缠态。为此,有必要正确理解植物或其他光合生物如何在超快时间尺度内以高量子效率向正确方向传递能量和电子。这些知识为如何设计能够将太阳能转化为电化学能发电的人造系统提供了重要的经验。[10]

有趣的是,量子这个词在不同的环境下通常会有不同的解释。在文献中,这个词通常指的是任何物理实体的最小数量。当代对该词通俗的理解是指任何物理属性,如能量或物质中最小的可想到的离散单位。量子是拉丁语中的"数量"(amount)。实际上,在这种情况下可以提到3个不同的拉丁语单词,即 quants、quanta 和 quantum。广义地说,它们表示的含义有多大、多少、大小、数量、程度、数

---

① 它是量子力学的主要原理之一。当两个粒子纠缠在一起时,一个粒子的特性可以通过观察另一个来确定。

② "缝隙"是量子力学的主要原理之一,经过数十年测试,研究人员为量子力学提供支持,2019年8月23日,https://www.sciencedaily.com/releases/2019/08/190822165016.htm,2019年11月13日访问。

③ 《人工智能能否解开量子物理学之谜?》,https://www.sciencedaily.com/releases/2019/03/190312123708.htm,2019年11月12日访问。

目、价值、价格等。从物理学的角度来看,量子一词的使用大约发生在1900年,当时物理学家马克斯·普朗克在德国物理学会的一次演讲中使用了它。物理学及其各个分支确实有一些拉丁语的根源。

量子物理学的各种发现正在改变对自然、物质、空间、生命和主体的现有定义。这个领域的各种新观点使科学克服了二元论神话、客观主义幻觉和想象性思考,挑战了决定论、确定性和固定论的概念,支持动态性、不确定性、概率、对称性、多样性和复杂性的概念。有了这样一个概念框架,量子力学阐明了现象展开过程中具有沉积效应的渗透性世界的存在。[11]

总的来说,自19世纪以来,科学领域有了很大的发展,特别是物理学领域,物理学负责提出一些基本问题并试图找到答案。在各种情况下,这类问题的答案最初通常都是从理论上推断出来的。随后,尽力通过实际实验检验理论论点的有效性。各种各样的这类实验推动了新技术的发展。相关的技术应用多种多样,从电灯泡到电话到收音机、电子设备、计算机,再到互联网,诸如此类。与此同时,各种新的物理学学科也在发展。在这些学科中,有两个基本分支,即经典物理学和量子物理学,阐释不一。

上面的讨论概括地提出了一个推论,即量子物理学(力学)在过去几十年中已确立了令人钦佩的地位,而且这一物理学分支有大量的应用场景。然而,物理学这一分支的各种成就大多是理论性的,实际上所取得的成就似乎只是冰山一角,量子力学的研发任重而道远。

通常,当人类开发出一种探索"自然"新机制的技术时,科学中最深刻的愿景就出现了。例如,20世纪30年代射电天文学的发明和1937年射电望远镜的发明,导致一系列关于行星和星系的惊人发现。低温物理学找到了降低不同系统温度的方法,这种惊人的成功最终有助于开发不同的技术应用(如卫星运载火箭技术)。在21世纪的第一个10年里,DNA技术的突破,使人类认识到了控制遗传信息流动的基本机制。目前,与此类似,通过完全控制单量子系统,人类正在试图探索一些迄今为止完好无损的"自然界的"原始森林。这已经让人类意识到,大自然母亲尚有很多未解之谜。本书试图了解各种量子系统目前取得的进展,以及将其应用于战略领域的可能性。

参考文献

[1] Allori V(2015)Quantum mechanics and paradigm shifts. Topoi 34:313-323
[2] Kuhn T(1962)The structure of scientific revolutions. The University of Chicago Press

[3] Weidner R T, Sells R L(1968) Elementary modern physics. Allyn and Bacon, Boston, p iii

[4] Dirichlet P G L, Dedekind R(1999) Lectures on Number Theory, vol 16. American Mathematical Society, Providence, RI

[5] Reznik G, Bagchi S, Dressel J, Vaidman L(2020) Footprints of quantum pigeons. Phys Rev Res 2:023004-1. American Physical Society

[6] Choi C Q(2018) Is gravity quantum? https://www.scientificamerican.com/article/is-gravityquantum/. Accessed 06 Oct 2019

[7] Bohr N, Mermin D(1989) The philosophical writings of Niels Bohr. Phys Today 42(2):105

[8] Ornes S(2017) The quantum world is mind-bogglingly weird. https://www.sciencenewsforstudents.org/article/quantum-world-mind-bogglingly-weird. Accessed 17 Aug 2019

[9] Zee A(2010) Quantum field theory in a nutshell, 2nd edn. Princeton University Press, New Jersey, p 3

[10] Ball P(2018) Is photosynthesis quantum-ish? Phys World 31(4):44

[11] Oppermann S(2015) Quantum physics and literature. Anglia 12

第 2 章

背景知识

众所周知,理论物理学利用物理对象和系统的数学模型和概念来解释存在的自然现象,并可以预测这种现象的未来。同时,物理学也是一门应用科学,对各种自然现象本质的理解很大程度上依赖有序观察。除理论之外,物理学也是一门实验科学,目的是证明对理论认识的正确性,进而寻找改善人类生活的应用。各种实验工具用于探索观测现象的正确性。从广义上讲,物理学是关于调查研究和理论之间的相互作用的科学。

量子理论可以被视为与物理学相关的"伟大的思想"之一。量子理论常常被视为 20 世纪重要的智力成果,量子物理学也被看作一个抽象的概念。然而,一段时间以来,人们已经认识到,经典物理学和量子物理学结合起来,几乎可以解释从星系到夸克的一切。如第 1 章所强调的,量子理论是现代物理学的理论基础。这个理论有助于在原子和亚原子水平上解释物质和能量的性质和行为。近一个世纪以来,量子物理学一直局限于对物理学和相关领域的创新性解释,比如天文学。但是,现在它已经有了长足的发展,目前,量子物理学被公认为物理学的一个重要分支,具有重要的实用性。多个科学实验室都参与了大量涉及量子物理概念的实验。

多年来,量子物理学使我们认识到纳米尺度系统在化学、材料学、光学和电子学等领域具有重要意义。量子物理学(力学)的重要性在于它能解释原子的轨道和能级,也能解释绝缘体、导体、半导体和巨磁电阻的行为。除了解释光的波性质,量子物理学还可以解释光的量子化及其粒子性质。除此之外,这门学科还解释了热体的辐射及其颜色随温度的变化,阐述了电子器件中存在的空穴以及空穴和电子的传输。总的来说,量子力学在光子学、量子电子学和微电子中起着重要的作用。[1]

量子科学对其他科学分支/次分支有直接或间接的影响。量子力学与固态物理、原子物理、化学、生物学(生物技术)、材料、光学、电子学和许多其他学科都密切相关,但本书的目的不是评估量子力学在各个科学分支中的作用和重要性。因此，仅在特别需要时，才提及这些学科。实际上，量子技术就是要把一个"纯科学"问题变成一个"工程实验"。显然，如果科学界、工业界和政府勠力合作，创新是可能的。可以说，更多的学术研究是为了检验量子科学对其他科学分支非常重要这一论点的说服力，而更多的具体应用研究则由实验物理学家完成，他们正与工业界及各种政府和私人研究与发展组织合作研究。

统而言之，自21世纪初以来，量子物理学的应用范围越来越广。

整个计算机工业的大厦都建立在量子力学的基础之上。半导体电子学依赖固态物体的能带结构，这从根本上说是一种量子现象。电子的波动性使我们能够掌控硅的电学性质。因为人们能够更全面地理解物质的量子本质，所以这一切都是可能的。制造纳米晶体管的工艺就是在这样的背景下落地的。显然，设计和生产各类电脑和智能手机都离不开量子技术。同样，量子物理学与光纤通信也密不可分。原则上，光纤本身非常经典，但用于沿光纤电缆发送信息的光源是激光器，这是一种量子设备。另一个重要的量子应用是基于智能电话的全球导航系统。此处，手机中的 GPS 接收器接收来自多个时钟的信号，并根据来自不同卫星信号的不同到达时间，确定接收器与每个卫星的距离。光速为时间到距离转换的基础。为此，卫星信号定时精度需要非常精确，因此每个 GPS 卫星都包含一组原子钟，该时钟也依赖量子力学。在医学领域，磁共振成像（MRI）的机器也与量子相关。甚至像面包机或荧光灯这样的日常家用电器，核心理念也离不开量子物理学。[2]

量子科学的实用重要性可以说是在 2005 年左右开始发展。在这个时期，研究人员发现了一种制造超薄晶体管（只有几个原子厚）的新工艺。20 世纪到 21 世纪初的几十年间，此时的信息都是以二进制 1 和 0 编码。但是，随着量子技术的到来，人们很快意识到，后数字时代来到了。有趣的是，量子世界不是二进制的。这是一个粒子表现得像波的地方：其中一个电子同时以相反的方向自旋[3]，此处信息可以同时编码为 1、0 或 1 和 0；两个粒子可以分离却又纠缠在一起。这些令人兴奋的特性，使科学家想到了各种可能的新应用。

目前，操纵单个原子和分子的能力正在催生新的量子技术的出现，其应用范围从开发新材料到分析人类基因组。用这种能力可以直接设计量子概率，产生创新的现象，比如，许多原子处于相同的量子力学状态，空间重叠和纠缠的可能性很高。量子重叠有时会延伸到很远的距离，与单个原子相比非常大，可能远远超过现有的 5G 和预计的 6G，新一代技术将随着量子科技的建设和运营而发展。技术的发展为开发非常灵敏的测量仪器的发展提供了各种可能性。在量子计算、量子密码学、量子控制化学等其他领域进展显著。①

---

① 美国国家研究委员会，《新时代物理学：综述》，华盛顿特区：美国国家科学院出版社，2001，第3页。

虽然量子领域是难以确定的、模糊的和不可预测的，但量子效应在宏观系统中的重要性是不可争议的，如纳米技术、自旋电子学、光子学、量子生物学、遗传学等领域。正如在硅芯片、微处理器、原子钟、电子显微镜和激光器中所见，量子物理学的物质结果是如此真实，以至于量子定律无论听起来多么出乎意料，都能深刻地塑造物理现实的结构。[4]

各种量子技术已经开始崭露头角，预计迟早会对人类生活产生深远影响。为了利用量子物理学的奇特特性，人们正在研究各种可能性。其中包括，无须GPS即可运行的导航系统、①能看到周围角落的摄像头、能看穿地面的重力传感器、安全信息和连接、用于诊断的超精确传感器、能模拟和设计新材料[5]、能轻松解决遇到的问题的计算机——任何现有超级计算机都无法达到这种效能。量子技术在社会、战略和经济的各个领域都显示出巨大的应用前景。世界上技术发达的国家为加强这一领域的研究都投入了大量资金。

20世纪初，物理学家认识到经典力学有局限性，无法解释自然界中发生的所有事情，这给人们带来一些不适。关于辐射性质的各种实验观察，如它是如何从物质系统（如原子或金属）吸收和发射的，与流行的经典理论的预测完全不一致。经典物理学只能将光解释为波的一种形式，而人们认为光是以微小的能量包或量子形式出现的，故称为光子。所有这一切使科学家得出结论，现有的知识与现实存在不一致，经典理论无法解释。

在意识到经典物理学的局限性之后，人们加强了对量子力学的理解。1912年，比利时实业家欧内斯特·索尔维（Ernest Solvay）创办了索尔维会议（布鲁塞尔），被公认为物理学界的一个转折点。该会议讨论了物理学和化学中最重要的开放性问题。最著名的会议是1927年10月索尔维国际电子和光子会议，它为物理学的新思想指明了方向，这是第五次索尔维（Solvay）会议，共有29位科学家参加了这次会议，其中17位与会者是（或后来成为）诺贝尔奖获得者。参会的科学家群星闪耀，包括阿尔伯特·爱因斯坦、居里夫人、马克斯·普朗克和尼尔斯·玻尔，他们就新提出的量子理论进行了讨论。讨论重点是量子理论的基础，这次会议为今天的量子力学打下了基础。量子力学实际上给了科学家一种理解半导体的手段，这最终导致了晶体管的诞生。第二次世界大战后，在计算机发展领域进行了大量的投资，正是这种晶体管，在总体上对信息技术（IT，主要是硬件方面）的发展起到了主要作用。简单地说，没有量子知识对晶体管发展的促进作用，就没有可能诞生计算机、手机、音频/视频设备及最后的互联网。这

---

① 英国科学家制造了世界上第一个量子罗盘，这是一种独立的导航设备，不依赖外部信号，使用超冷原子而不是GPS卫星。

一切都是关于量子 1.0 的时代的,量子 1.0 也有助于制造设备,这些设备的功能超越了经典物理的能力:激光、数码相机、现代医疗仪器,甚至核电站。①

可以说,虽然量子 1.0 引领了开创性技术的发展,但从科学家的角度看,更多的是检验其理论假设的实际应用。这是理解这门科学的初始阶段,并且进行了一些成功的尝试,将其转化为可行的技术。然而,用于证明这一理论的技术工具有限。随着技术在整体意义上的进步,量子相关实验的工具也开始成熟。这使科学家和技术人员能够通过实验证明量子 1.0 阶段讨论的一些理论的可能性。随后,对进一步探索的渴望导致了第二次量子革命的到来。据说,引发量子 2.0 的是量子物理学和信息论的结合。一般来说,量子 1.0 是一个阶段,它有助于将量子物理学和应用的知识结合起来;而量子 2.0 包罗万象,就是控制量子现象的能力。

1994 年,美国数学家彼得·索尔(Peter Shor)发现,一台能够处理量子信息的机器能有效破解大多数现代密码加密(编码)方案。可以说,著名的索尔算法②已经开启了第二次量子革命的大门。这个算法是关于素数分解的。传统的计算技术可能需要耗费巨量的时间(可能几个月甚至几年)来解决这个问题。然而,量子通信技术可以在几分钟内得出答案。可以预计,量子计算机的这种预测能力将大大超越现有超级计算机的计算能力。

21 世纪和第二次"量子革命"几乎同时开始,量子革命是关于控制微小的原子团,甚至单个原子的科学。第二次革命(量子 2.0)将物理学思想的两条主线结合在一起:原子物理学和凝聚态物理学。当大量原子聚集在一起时,会展示出新的量子特性,原子物理学家正在研究并试图控制这种新的量子特性,这是凝聚态物理学的一个标准的研究主题。同时,凝聚态物理学家正致力于研究将材料缩小到——离散的量子激发发挥核心作用——的尺寸的可能性(原子物理学的传统领域)。科学家在微观量子世界和宏观经典世界交汇处的共同聚集点,为现代物理学和新技术开辟了可能性。大量新型观测工具的开发,使观察单个原子和实现更大结构的组装成为可能。扫描原子探针显微镜能够将单个原子放置在表面,并测量这些原子的各种物理性质。电子显微术的改进,提高了块体材料的单原子分辨率;此外,用于探测固体和大生物分子结构的 X 射线源和中子源

---

① 《关于 Quantum 1.0 的辩论的三个段落基于》,https://medium.com/@quantum_wa/quantum-revolutions-74d9a33b5659 和 https://tu-delft.foleon.com/tu-delft/quantuminternet/quantum-mechanics-and-quantum-technology-10/和 https://rarehistoricalphotos.com/solvay-conference-probably-intelligent-picture-ever-taken-1927/,2020 年 3 月 17 日访问。

② 有关 Shor 算法的详细信息,https://qudev.phys.ethz.ch/static/content/QSIT15/Shors%20Algorithm.pdf,2020 年 3 月 17 日查阅。

的亮度和相干性的相关研究也取得了重大进展。使用磁场和激光场来控制原子的位置和速度的工具的进步,使控制带电原子和中性原子的新能力成为可能,而这种原子很难使用物料容器来储存。所有这些都导致了新的量子态的发现:原子蒸气中的玻色爱因斯坦凝聚体和二维电子层中的分数量子霍尔态。科学家推动了一个控制空间扩展量子态的时代,这种量子态很有可能用于极为精确的时钟,并提升了利用量子信息的传输特性进行全新形式的密码和计算的希望。所有这些都朝着"量身定制"结构的最终目标前进了一大步:物体性能可以定制,具有所需要的光学、机械、磁学、电子、化学和热性能。[1]

在人类活动的不同领域中,量子科学也有一些新兴应用。量子科学可用于社会部门、教育部门和医疗部门,也可用于工业。同样,在航空航天工业和海洋工业及国防工业领域也可找到量子科学的应用场景。这项技术可以根据军队的需要进行"调整",以适应国防工业的要求。很明显,量子技术同样可以在军事活动的各个领域得到应用,这将取决于军事工业如何最好地利用这项技术,以开发新的武器系统,或装载于现有的武器运载平台、武器系统和相关的地面(空间或水下)基础设施。这项技术可用于导弹、核武器、航空航天应用场景、造船、主战坦克开发和各种其他武器运载平台和武器系统。特别是,量子技术与各种与通信相关的应用可以加强网络中心战体系结构。

预计量子技术可能会给军队现有的数字系统带来重大改变。因此,军方必须认识到,后数字时代将需要一个完全不同的生态系统。总的来说,量子科学带来的技术创新,预计将对安全理念产生重大影响,并可能改变未来军事行动的性质,还将催生国防机构的学位制度的改革。由于当今的量子技术显示出巨大的潜力,可以给信息和通信技术(ICT)领域带来变革,因此武装部队在对未来进行远景规划的同时,必须考虑到该领域发生的各种进展。量子技术有可能给现有的军事设施带来颠覆性革命,这也是军事规划者需要预见的。它将影响信息收集、交流的需要和过程,并有望为明智的决策提供新的工具。它还将改变各种军事装备的设计和制造,同样也将改变部队的整体作战能力。美国、英国、中国和俄罗斯等国已经开始在国防规划中考虑这一新的技术模式。随着技术的进一步成熟,越来越多的国家将利用这一技术来完善自己的国防体系。

总的来说,量子技术作为双重用途技术正在迅速崛起。各国都意识到这些技术可能具有军事用途,因此,各国都在谨慎地投资,以开发军事领域的量子技术。

---

[1] 美国国家研究委员会,《新时代的物理学:概述》,美国华盛顿:国家科学院出版社,2001,第19~20页。

第 2 章 背景知识

量子力学通常被称为非常小的物质的物理学。这是因为它能够描述原子和分子的结构和性质(物质的化学性质)、原子核的结构和基本粒子的性质。确实,量子效应体现出来的现象最容易在原子水平观察到。除此之外,需要用量子力学来解释放射性、半导体器件的工作原理、超导电性的起源及激光的工作原理。[6]

目前,量子技术是一项正在进行的工作。人们普遍认为,目前各种技术开发人员对未来的推断,主要基于理论认识和一些初步实验。并非所有的假设都会实现,技术炒作也是有可能的。"技术的商业化"是地缘经济学的一个重要方面。炒作是商业、市场营销和科学技术研究中的一个重要概念。安全分析师在进行分析和预测可能的增长轨迹时,需要考虑到可能的量子技术炒作的理性和效能。技术炒作在各种与国家安全相关的论述中很常见。关于是否需要引入颠覆性技术,人们对这种新思想的接受程度并不一致。目前,量子计算机、通信和传感器有可能被大肆炒作。[7]现在,对于这项技术究竟能在多大程度上改变未来的军事实践,很难提供任何有价值的判断。存在一种可能性,即某些量子技术的预测永远不会成为现实。因此,在进行任何未来军事评估时,避免不必要的量子技术炒作是很重要的。

本书从军事用途的角度来理解量子物理学的几个重要应用,因此基本上避免讨论量子理论的任何数学基础。在某种程度上,这项工作试图从非传统的角度探讨这个主体:探讨一点科学,探讨一点社会科学,探讨一点军事科学。对于作者来说,在更多的非技术背景下讨论和描述技术系统是一个挑战。由于目的是将这一新兴技术置于战略中,因此本书避免详细的技术讨论。此外,由于笔者不是科学家,因此提供任何详细的技术处理都有一些固有的局限性。

目前,量子技术正在稳步发展和完善,因此很难预测这些技术的确切时间表和未来里程碑。显然,对于这样一本讨论尚处于发展过程中的题材的书而言,很难给出具体的价值判断。这本书广泛讨论了"技术的可能性"及其在国防部门的适用性。对于笔者来说,互联网是一个主要的信息收集的来源,可以了解在这个领域正在发生的各种活动。在编撰本书的过程中,对互联网的依赖程度很高,这主要是因为除经典和量子物理的理论文献外,互联网上大多数其他信息是最新的,因此可以在互联网上获取相关信息。这本书讨论的是科学、社会科学和军事战略的交叉,因此,一些章节中详细讨论了技术与安全的相关性、军备竞赛概念和其他一些问题,对量子科学领域进行了相关探讨。

本书有两个目的:第一,就量子科学的重要应用进行讨论,并强调在这方面正在进行的工作的性质;第二,从军事角度理解这些军事应用的可能功效,以及决策者和学术界如何将这些应用置于更广泛的战略背景。从广义上说,这本书可以被看作一个探索性的调查,试图从战略的角度来确定量子技术的背景,试图避免书中出现任何重大失误。然而,在一些地方可以观察到一些重复。这些重复的内容被特意保留下来,以使非技术性读者更容易理解主题。本书分为5个部分。

第一部分(第一篇)包括2个介绍性章节。第1章是关于量子物理学和量子技术的持续争论。由于一个政策制定者和军事领导人对量子技术在军队中的效能可能知之甚少,因此本章试图明晰这门科学的本质,并指出经典物理学和量子物理学的区别。本章还引入了两个重要的科学概念,即量子叠加和量子纠缠,因为整个课题的研究都围绕着这两个主要思想展开。

第一部分的另外一章内容更为笼统,重点介绍了目前围绕这个主题的辩论。本章追溯了这个主题从量子1.0到量子2.0的历程。此外,本章还阐述了从军事用途的角度理解量子物理重要应用的必要性,并介绍了本书的背景知识。最后,介绍了本书的总体结构。

本书的第二部分(第二篇)包括4章内容,涵盖了量子科学的各种重要应用。每章涵盖不同的量子技术应用。涵盖的应用领域包括量子计算机、量子密码学、量子通信和量子互联网。此处,每章都解释了具体技术应用的性质、所讨论课题的研究现状以及民用和军用的应用范围。本节讨论的所有4个应用方向本质上都是技术性的,需要借助数学公式来解释概念。然而,本书的目的是关注量子技术的各种军事用途,而不是研究理论本质。因此,这些章节更像是一篇连续的散文,没有任何数学公式或主要副标题来进行技术讨论。

第三部分(第三篇)只有1章,阐述了全球投资的性质。讨论了第4次工业革命(工业4.0)是关于数字、物理和生物系统的一场革命。因此,需要将量子技术视为推动这场革命的重要动力之一。在强调了技术与利用民族国家利益的相关性的背景之后,本章还详细介绍了量子技术可能的市场现状,并预测了量子技术的发展前景。本章提供了具体国家投资的详细情况以及这些国家正在进行的研究状况,涵盖的国家包括美国、中国、英国、奥地利、加拿大、日本和印度。此外,还提供了一些有关私营企业投资的细节,如谷歌、IBM及其他一些公司,这一章也说明了多边组织正试图就这一问题进行联合研究,突出了欧盟、北约和金砖国家研究计划的显著特点。

第四部分(第四篇)分为2章:一章讨论量子技术的军事意义;另一章讨论量子竞赛的战略意义。这两章都详细阐述了技术在战争和国家安全中的重要性以及军备竞赛的概念。此外,还阐述了必须超越冷战时期提出的安全和军备竞赛概念。本章探讨了量子技术的军事重要性,讨论了这项技术的各种可能的军事应用。该章还强调了美国、中国、以色列、澳大利亚和其他一些国家进行的军事相关投资的性质,以及国防工业(主要是航空航天工业)是如何在这一技术领域进行投资的。

还有一章的内容涉及量子竞赛,讨论了美国和中国之间备受争议的量子竞赛问题。本章区分了量子军备竞赛和量子竞赛(本质上更多的是一场技术竞赛)。通过讨论以色列、俄罗斯、沙特阿拉伯、阿联酋和伊朗等国的量子技术相关计划,进一步探讨了此类投资的战略意义。

从全球范围来看,量子计划的资金投入有点不平衡。有些资助期限为1年,而有些资助期限为5年。此外,本书还介绍了一些项目的资金来源调查结果。世界各国的多个机构(包括大学)都从多种来源获得资金。政府的多个部门都支持自己的方案,资金来源众多。在某些情况下,私人机构也在努力申请国家财政支持的项目,各行各业也在支持自己看重的项目研究。总而言之,很难对投资数额有一个确切、全面的统计。有几章中提到了投资信息,其中的一个表格提供了全球投资的鸟瞰图。然而,由于数据不连贯,不可能为决策者提供实质性的评估,以确定任何具体的投资模式。

本书的最后一部分是结语。

参考文献

[1] Chew W C(2012)Quantum mechanics made simple:lecture notes,pp 11-12

[2] Orzel C(2019)What has quantum mechanics ever done for us? 13 Aug 2015. https://www. for bes. com/sites/ chadorzel/2015/08/13/what – has – quantum – mechanics – ever – done – for – us/#4789b5 f44046; Three ways quantum physics affects your daily life,4 Dec 2018. https://www. forbes. com/sites/chadorzel/2018/12/04/ three – ways – quantum – physics – affects – your – daily – life/#4e91de 8d44b7. Accessed 22 Oct 2019

[3] Bandyopadhyay S(2012)Information processing with electron spins. ISRN Mater Sci 2012:1-20. Article ID 697056

[4] Oppermann S(2015)Quantum physics and literature. Anglia 88

[5] Vallance P(2019)Building an ecosystem for breakthroughs. http://www. newstatesman. com/ sites/default/fifiles /epsrc_supp_update_2019. pdf. Accessed 06 November 2019

[6] Pahlavani M R(2012)Some applications of quantum mechanics. InTech,Rijeka(Croatia),p. x

[7] Smith(2020)Quantum technology hype and national security. Secur Dial 51(5):499-516

第二篇

　　量子理论为我们提供了一幅引人注目的、关于事实的图画：尽管我们只能通过想象，或者像讲寓言故事一样讨论这幅图画，但这幅图画可以使我们完全理解事物间的某种联系。

——韦尔纳·海森堡

第 3 章
量子计算机

通信的基本问题是确保通信过程始终有助于将在某一点选择后的消息,准确地或近似准确地在另一点再现。通常,每条信息都有其意义和目的,甚至可能还有一个背景。但是,当通信成为一个工程问题时,那么任何关于通信的语义方面的问题都无关紧要了。[1] 1948 年,克劳德·E. 香农(Claude E. Shanon)发表了一篇论文,证明了信息可以以何种方式被绝对精确地量化。他还展示了所有信息媒体的本质一致性。无论电话信号、文字、无线电波和图片,基本上每种通信方式都可以用比特编码。香农的公式已经得到了全球的认可,并赢得了"数字时代蓝图"的美誉。[2]

克劳德·艾尔伍德·香农被公认为信息理论之父。自从他 1948 年发表开创性的论文以来,在过去的 70 多年里,许多其他人也为这一学科的发展做出了贡献。广义上讲,信息论涉及数据通信和存储。基本上,它是一种数学理论,涉及通过通信系统传输信息方面的、从概念到规则制定的各种问题。这个理论在统计学、生物学、神经科学、心理学等多个科学和社会科学分支中都有自己的解释。信息论中使用的技术本质上是概率论,因此,有些人认为信息论是概率论的一个分支。①

这位信息论之父对与通过通信通道进行信息通信有关的两个关键问题[3]感兴趣:第一,通过通信通道发送信息需要哪些资源? 例如,电话公司需要知道自己能在多大程度上可靠地通过给定的电话电缆传输多少信息;第二,信息传输的方式是否能防止通信通道中的噪声?

为了解决这些问题,香农在 1948 年的论文中提出了经典信息论的两个核心结果。他解决的两个重要问题是:②

(1)一条消息可以压缩多少。即信息有多冗余("无噪声编码定理")。

---

① https://www.sciencedirect.com/topics/neuroscience/information-theory,2020 年 4 月 3 日访问。
② http://www.theory.caltech.edu/people/preskill/ph229/notes/chap5.pdf,2020 年 4 月 12 日访问。

(2)我们能以多大的速率通过噪声信道可靠地通信。即必须加入多少冗余信息以防出错?(噪声信道编码定理)

香农的理论在使其实际受益方面确实面临一些限制。然而,在过去的几十年中,人们已经提出了各种精确的纠错码。

人们一直在努力将本世纪最具影响力和革命性的两种理论结合起来:信息理论和量子力学。这导致了计算和信息的新观点出现,目前这个思想被称为量子信息论。多年来,人们发现这一理论改变了人们对计算、信息及其相互联系的看法。

量子信息论融合了经典信息论、量子力学和计算机科学的思想。数学和数学物理不同分支的定理和技术,特别是群论、概率论和量子统计物理,在这个引人入胜且快速增长的领域中得到了应用。经典信息理论是信息处理任务的数学理论,如信息的存储和传输,而量子信息理论是研究如何利用量子力学系统完成这些任务的,它涉及如何利用物理系统的量子力学特性实现信息的有效存储和传输。基本的量子力学导致了量子信息论和经典信息论之间的重要区别。①

通常情况下,如果不解释量子信息论的数学基础,量子信息论的讨论可能就不完整。然而,本书刻意回避了任何这样的讨论,因为本书的目的不是具体发展这个主题的任何理论理解,而是更多地着眼于这个主题的实际适用性。

如果底层信息载体是由量子力学定律而不是经典力学定律支配,那么量子信息论领域广泛地讨论了可以执行什么样的信息处理任务以及不能执行什么样的信息处理任务。例如,可以利用单个电子的自旋而非磁性材料的局部磁化区域存储信息。显然,理论的广度会与从物理学到哲学的许多科学领域重叠。[4]

20世纪80年代至90年代,很少有科学家意识到量子力学对信息处理有惊人的影响。有趣的是,量子应用的早期想法之一是量子货币。大约在20世纪70年代初,哥伦比亚大学的一位名叫斯蒂芬·威斯纳(Stephen Wiesner)的研究生提出了开发不可能伪造的纸币的想法。[5]当时没有人接受他的研究论文的观点,这篇论文扩展了量子物理学的知识,发展了量子货币的概念。在大约10年之后,查尔斯·贝内特(Charles Bennett)和吉尔斯·布拉萨德(Gilles Brassard)等科学家开始在这个想法的基础上构思,并最终提出量子测量的非经典特性如何为建立密码密钥提供一种适当的安全机制。而理查德·费曼和尤里·马尼(Yuri Manin)等认识到某些量子现象与纠缠粒子有关。这一观察结果引发了人们的猜测:也许这些量子现象可以用来加速计算。

费曼等科学家使与他们研究领域相同的人以不同的方式思考量子信息处理

---

① https://www.sciencedirect.com/topics/neuroscience/information-theory,2020年4月3日访问。

的概念。人们意识到这一领域可能包括量子计算、量子密码学、量子通信和量子游戏。科学界热衷于探索用量子力学代替经典力学,以模拟信息及其处理的意义。实际上,量子计算并不是要改变从经典到量子的计算的物理基础,而是要改变计算本身的概念。这种变化从最基本层面开始:计算的基本单位从位(bit,多数文献称为位,少数文献称为比特。——译者注)到量子比特(quantum bit 或 qubit,多数文献称为量子比特,少数文献称为量子位。因此,其后的译文把"bit"译为"位",把"quantum bit"或"qubit"译为"量子比特"。——译者注)。以量子力学为基础引入的计算导出了更快的算法、新的密码机理和改进的通信协议。量子计算的过程并不与表达 DNA 计算或光学计算相同:描述了在不改变计算概念的情况下进行计算的基础。众所周知,目前使用的传统计算机利用了量子力学,但它们仍然用位而不是量子比特进行计算。显然,它们并没有被归类为量子计算机。为了明确区分类别,重要的是信息是如何运作的:采用量子方式还是经典方式。[6]

基本上,计算机可以分为 3 类:模拟计算机、数字计算机和(模拟、数字)混合型计算机。模拟计算机是第一代计算机,属于尚未发明晶体管技术的时代。体积庞大,由许多真空管、电阻器和电容器组成。不同类型计算机的一般分类是基于其所遵循的工作原理。例如,模拟计算机依靠物理特性,如电和机械特性解决或简化问题。而数字计算机利用离散的电和电压水平对现实生活中的场景编码,模拟系统实时执行计算,同时过程更快。相比之下,数字计算机因为遵循的是顺序计算,会产生很大的延迟。① 21 世纪使用的计算机有各种形式,从超级计算机到台式机,到笔记本电脑,再到智能手机。它们都是由数字位(通常称为 0 和 1)控制的数字计算机。然而,量子计算是完全不同的"类型"。

口令量子计算在性质上更接近模拟计算。虽然这两种模型的口令是并行的,但它们的显著区别在于,模拟计算不支持纠缠。纠缠是量子计算的关键资源,量子计算机寄存器的测量只能产生一个小的、离散的值。[7]此外,虽然量子比特可以呈现连续的值,但在许多方面,一个量子比特类似于一个位,有两个离散值,而不是模拟计算。

20 世纪 80 年代和 90 年代初期,量子信息处理领域进展缓慢。其间提出了量子力学图灵机的概念。随后,发展结果表明量子图灵机可以模拟经典图灵机以及任何经典计算,最多具有多项式时间(Polynomial time,多项式时间是指,在计算复杂度理论中,一个问题的计算时间不大于问题大小的多项式倍数。多项

---

① https://techdifferences.com/difference-between-analog-and-digital-computer.html,2020 年 4 月 24 日访问。

式时间在决定型机器上是最小的复杂度类别。——译者注)减速。① 然后研究人员定义了标准量子电路模型,通过一组称为量子门的基本量子变换理解量子复杂性。这些门是理论上的构造,在实际量子计算机的物理部件中可能有也可能没有直接的类似物。经典门操控经典位,而量子门操控量子比特。

20世纪90年代初,研究人员开发了第一个真正的量子算法。尽管量子力学具有概率性质,但第一代量子算法确实给出了正确的答案,它比经典算法具有更大的优越性。

这些结果引起了许多研究人员的兴趣,其中包括彼得·索尔,他在1994年用多项式时间量子算法分解整数,令世界震惊。这一结果为一个经过充分研究的具有实际意义的问题提供了解决方案。长期以来,人们一直在寻求一个经典的多项式时间解,普遍认为不存在这样的解。即使在今天,也不知道是否存在一个有效的经典解决方案。在没有这个解决方案的情况下,认为索尔基于量子的解决方案是一个更快的解决方案是不够谨慎的。但是,即使在不太可能的情况下,用一个多项式时间的经典算法解决这个问题,仍然是量子信息论观点的简洁性和有效性的标志,也就是说,虽然量子力学具有所有非直观的特征,但量子算法并不难发现。

尽管索尔的研究结果引起了该领域的广泛关注,但人们对其实际意义仍存在怀疑。量子系统具有特殊的脆弱性。量子纠缠等关键性质很容易受到环境影响,从而导致量子态退相干。量子力学的特性,如可靠复制未知量子态的不切实际性,使人们怀疑是否能找到有效的量子计算纠错技术。基于这些原因,人们相信(从某种程度上说,这也是现实,即使是现在也是如此)构建一台可靠的量子计算机可能非常困难。

幸运的是,尽管人们对量子信息处理是否可行存在着严重而广泛的怀疑,但这一理论本身是如此吸引人,以至于研究人员持续不断地探索。结果,在1996年索尔和罗伯特·考尔德班科(Robert Calderbank),以及安德鲁·斯蒂恩(Andrew Steane)个人发现了一种解决量子难题的途径,用于开发量子纠错技术。今天,量子纠错可能是量子信息处理最成熟的领域。

量子计算和量子信息的实用性如何还不得而知。然而,研究人员已经开始重点研究这一领域。目前的研究、开发和创新水平表明,很少有机构取得一些可靠的进展,并达到量子计算系统样机开发的水平。目前尚不知道基本的物理原理,而这些原理可能会阻碍构建大型、可靠的量子计算机。然而,还有许多工程挑战尚未解决。世界各地的理论家和实验学家正在探索无数有希望的方法,但

---

① 计算机解决问题所需的时间,其中时间是输入大小的简单多项式函数。

仍有相当大的不确定性。尽管如此，人们仍在努力开发一种能够对数百个量子比特进行通用量子计算的量子计算机。[6]

在量子计算方面，到2020年，研究人员已经理解了许多理论，然而挑战在于实际建立一个被称为"量子计算机"的系统。量子计算机是与量子力学基本定律密切相关的设备，相较于经典（标准）计算机解决问题更为有效。制造这种装置的挑战仍在继续。还需要解决的问题包括解决特定问题的量子算法的开发，以及量子计算机和通信系统之间接口的创建。构建一个具有数千个量子比特的量子计算机将会破解大多数日常使用的密码，对通信（如互联网）的安全性产生重大影响。此外，还可以解决一些超出现有超级计算机能力范围的具体问题。这些问题可能主要来自基础科学的不同分支，如物理、化学和生物学，也可能来自工程和其他应用科学领域。

2020—2021年，量子计算机的基本构件已经在各种技术的角度上得到解决，包括囚禁离子、中性原子和光子、金刚石氮空位色心、量子点和超导装置。此外，研究人员已经用该技术构建了一些小的样机。目前，最先进的技术是囚禁离子和超导量子比特。第一种技术实现了多达15个量子比特的相干控制。在超导量子比特领域也有一些进展。

由于量子计算机的计算能力是现代超级计算机无法企及的，而超导量子比特是制造量子计算机的重要角逐者，因此这一课题将成为研究热点。研究人员已经使用超导量子比特模态演示了"中等规模带噪声量子"（NISQ）技术时代的原型算法，其中使用非纠错量子比特实现量子模拟和量子算法。随着多个高保真度双量子门的成功论证，以及在可扩展超导量子比特系统中逻辑量子比特的工作，传感系统也有望实现建造更大型纠错量子计算机的长期目标。最近在量子比特硬件、门电路实现、读出能力、早期NISQ算法实现及超导量子比特的量子纠错等方面取得了一些实验进展。① 然而，这仅仅是一个开始，在这项技术的许多方面继续开展工作非常必要。

总而言之，构建量子计算机的工作一直是科学领域的一个主要挑战。构建量子计算机的主要障碍是存在退相干，即计算机的组成部分和环境之间发生不希望的相互作用。这完全是一个环境与量子比特相互作用的过程，此过程能压倒性地改变它们的量子状态，并触发量子计算机存储的信息丢失。标准隔离不是一个有效的解决方案，因为这种方案似乎不可能达到在大型计算中所需的隔离级别。因此，建立这样一个装置将需要使用量子纠错技术。然而，目前尚不清楚，通过可扩展的方式和/或在分布式环境中，哪种（已经存在或尚未存在的）技

---

① https://arxiv.org/abs/1905.13641，2020年4月26日访问。

术最合适,①而且,需要更多的理论研究,这些理论知识能够从本质上帮助扩展知识,能更好地适用于量子计算机。

众所周知,量子力学是物理学、化学、生物学的基础。因此,为了让科学家精确地模拟各类事物,需要一种改进的计算方法来处理不确定性。此时,就需要量子计算机登场了。[8]

以国家为中心开发量子计算能力已经进行了大量的尝试,除此之外,世界各大信息技术巨头(谷歌、IBM、微软、英特尔和其他在信息技术领域领先的公司)也在这一领域进行了大量投资。除由各国管理的研究机构外,私营企业也非常感兴趣,并且非常公开(几乎透明)地强调他们所做的努力。在这一领域也有各种各样的合作。不同的研究小组,其研究目的和研究重点也各不相同。多种报告和评估表明,美国、中国和荷兰等国家是目前这项研究领域的引领者。

人们常说,对量子力学领域的理解和研究结果已经取得了很好的进展,量子计算领域的发展已经远远超出了物理学家早先吹嘘的梦想。现在,随着理论的清晰,量子力学领域越来越被认为是工程师的噩梦。通过实践来证明理论并不容易。现在预测未来的量子计算机制将以何种形式出现还为时过早。人们有很多期望,并且已经确定了一些特定的领域,在这些领域中,对量子计算等快速计算技术的需求将是必不可少的。考虑到制造完美量子计算机非常困难,还有一种观点认为,即使制造的量子计算机并不完美,可能也有一些用处。

目前,竞赛正在进行:大家都想象着,要"按照理论设想,建造世界上第一台有意义的量子计算机"。人们相信,这种与众不同的、强大的计算能力将有助于开发神奇的新材料,以近乎完美的安全性加密数据,并准确预测地球气候的变化。量子计算能力有望为化学模拟带来巨大的好处,尤其是开发新药。同样,这对航空航天飞机设计领域和解决机器人的优化问题也可能会大有裨益。

为了比较量子计算机和传统计算机,可以使用一个非常常见的比喻,即一枚硬币。抛掷一枚硬币,有3个阶段,要么是正面,要么是反面,要么是硬币在进入静止状态前实际旋转的情况。硬币在旋转时,选择正面和反面都有可能实现。现在将这种情况与传统的计算思路进行比较。这里的计算机使用晶体管,晶体管有两个选择,一个是上,一个是下。二进制系统是关于0和1的(传统的位)。现在用一个量子比特取代传统的位,它同时代表0和1,直到那个量子比特停止旋转,进入静止状态。从计算的角度来看,情况变得更加复杂,比如说当两枚硬币同时抛向空中时,在这种情况下,将有4种可能的状态,如果3

---

① 《关于量子计算的讨论基于量子技术路线图》第5~6页。

枚硬币同时抛掷,将有 8 种可能的状态。假设 50 枚硬币同时抛掷,那么目前世界上最好的超级计算能力可能也不能计算状态的数量。① 情况由此变得复杂,因为一个量子比特可以同时代表 0 和 1,这是一种独特的量子现象,在物理学中被称为叠加。这使量子比特能够同时进行大量的计算,极大地提高了计算速度和容量。[9]

值得注意的是,量子比特有不同的类型,并非所有的量子比特都是相同的。例如,在可编程的硅量子芯片中,比特是 1 或 0 取决于它的电子旋转方向。然而,所有的量子比特都非常脆弱,有些量子比特需要 20mK 温度——比深空温度低 250 倍——才能稳定运行。显然,量子计算机不仅仅是它的处理器,还需要新的算法、软件、互联和许多其他尚待发明的技术。② 构建一个量子计算机,无论是硬件还是软件,都面临着巨大的挑战。对于传统的(经典的)计算机来说,新的和更快的计算机版本相当于系统升级。时至今日,如果说我们还保持着对计算机原来的"印象",那么对于量子计算机来说可能并不正确。至少在不久的将来,让一台计算机在室温下运行,比如说像台式机/笔记本电脑的样式,并不是量子计算机的样子,量子计算将是一个完全不同的游戏。这两个系统的"语法"有明显的不同,将来也不会相同。目前,量子算法的主要挑战仍然存在,主要是硬件方面的挑战。

目前对量子计算发展的认识水平,将引导我们面临一些可能的硬件和软件的挑战。成本是一个主要问题,因此,如果科学家能够以更低的成本建造出可行的系统,那么进展可能会更快。为了正确看待硬件挑战,我们需要:

(1)适度增加量子比特(如 64、128、192、256、512、1024)作为开始。

(2)更大数量的量子比特数——数万、数十万甚至数百万。一个 1000 × 1000 的晶格(网格)是 100 万个量子比特,但按照今天的标准,它仍然是相当有限的数据量。

(3)更大的连通性(纠缠)和更少的限制(如果有的话)。此外,更大的电路深度。

(4)更低的错误率和距离更长的相干性。

(5)真正的容错纠错,这要求每个量子比特有明显冗余。

(6)非低温工作温度。

---

① 一台 4 量子比特机器将有 16 个状态,如果是 8 量子比特机器,则有 256 个状态。随后的挑战极其复杂。例如,一台 20 比特的机器有超过 100 万个状态,如果是 32 比特,很难用一台传统计算机计算。

② https://www.scientificamerican.com/article/how-close-are-we-really-to-building-a-quantum-computer/,2020 年 4 月 24 日访问。

很难准确想象在不久的将来量子计算会是什么样子。由于长期以来我们已经习惯了经典计算的设置,因此在量子的背景下,我们很难改进现有的经典编程语言。此外,可能还需要设计一套新的"量子可理解"语言。人们也有可能采用多种途径达到这个目的。目前,尚不清楚量子算法或代码将以何种方式出现。从硬件和软件开发的背景来看,两者都有并且可能有许多限制因素。一个关键限制因素是,目前的技术水平只允许量子计算机支持量子比特的二体纠缠(成对量子比特),因此在多体纠缠方面会存在挑战,如单个纠缠中有 3 个或更多的量子比特。此外,量子计算机还有许多其他的问题,比如量子计算机没有内存。[10] 从广义上说,量子计算机的整体架构看起来还处于发展的初始阶段。根据目前的发展水平,很难预测何时能够建成一台实用可靠的量子计算机。

目前,硬件领域的各种发展只在少数国家进行,而且发展水平也存在差异。几乎没有任何量子硬件可以满足特定的要求。例如,逻辑连通性、电路深度和可扩展性。同样重要的是,要确保硬件在云上很容易获得。软件行业正在开发数据库和新工具。在所有主要语言中,都在开发环境和模拟器,包括 Python、C/C++、java 等。尤其是目前,Python 似乎是构建量子电路的首选语言。这种语言是动态的(程序员不必声明变量类型),是一种解释性语言(不必预编译为二进制可执行文件)[11]。

一些有趣的商业模式即将面世,它们将创新实践放在桌面上。谷歌、IBM 和微软这样的大型科技公司已经发布了开源工具,帮助程序员为量子硬件编写程序。此外,D-Wave 系统公司和 Rigetti 计算公司等机构也有一个重要的研发议程。IBM 正在提供一些量子处理器的在线访问,因此任何人都可以用它们进行实验。这些科技巨头还聘请了大量初创企业继续开展这项研究。开发量子计算机工作模型的挑战是巨大的,任何机构都很难单独在这个领域埋头苦干。各种政府和私人机构与各种大学、已建立的商业实验室,甚至与属于武装部队的研究组织合作。美国、中国和欧盟的研究和开发机构正在大量投资与量子计算相关的项目。众所周知,中国和欧盟已投资数十亿美元开展量子研发。欧盟有一个10 亿美元的旗舰计划,为整个欧盟的量子研究提供资金。2017 年,中国宣布投资 100 亿美元设立一个研究机构,专注于量子信息科学。① 美国特朗普政府成立了一个新的委员会,负责协调政府在量子信息科学方面的工作。2018 年,几

---

① https://www.scientificamerican.com/article/how-close-are-we-really-to-building-a-quantum-computer/,2020 年 4 月 24 日访问。

项法案提交国会,提议为量子研究提供新的资金,总额超过13亿美元。①

目前,量子计算领域处于实验阶段。显然,每个实验和每个构建的样机都有其特点。开发这类系统所采用的技术和手段也有其特点。因此,目前可设计不同类型的量子计算机、理论模型、架构和实施方案。这是一个非常好的现象,因为所有这些不同的研究工作都可能产生最佳系统。一些处于不同开发水平的系统以及重点研究方向包括超导量子计算机、量子退火算法计算机、通用量子计算机、拓扑量子计算机和囚禁离子量子计算机[12]。

量子拓扑②是微软、贝尔实验室和其他一些机构开展工作的一个领域。自2016—2017年起,微软就开始着手构建第一个拓扑量子比特。按照他们的说法,一种稳健的量子比特可以作为可扩展的通用量子计算机系统的基础。2018年,微软推出了微软马约拉纳费米子计算机,这是一款非常简单的1-量子比特的量子拓扑计算机。马约拉纳费米子是通过将电子(基本粒子)分裂成两个更小的、纠缠的准粒子而产生的,这两个准粒子基本上形成了拓扑量子比特。目前,全世界有7个微软量子计算实验室正在研究量子计算机[13]。

科技巨头英特尔为量子计算打造了49量子和17量子比特超导测试芯片,2018年,在美国消费电子展上,英特尔推出了代号为"Tangle Lake"的49量子比特处理器。一段时间内,英特尔一直致力于推进量子研究,并为此在几年前为量子计算软件创建了一个虚拟测试环境;这个虚拟测试环境是一台名为"Stampede"的超级计算机(位于奥斯汀的得克萨斯大学)提供了动力,模拟高达42量子比特的处理器。用于理解如何为量子计算机编写软件。③ 英特尔被公认为是量子研究的发起者。像IBM这样的组织也在进行重大投资。IBM机器利用了超导材料中的量子现象。例如,有时电流会同时顺时针和逆时针流动。IBM的计算机使用超导电路,其中两个不同的电磁能态组成了一个量子比特。[14]他们的研究和商业机构称IBM量子是一项为商业、工程和科学构建通用量子计算机的计划。这项工作包括推进整个量子计算技术堆栈,探索应用程序,使量子广泛可用并且可访问。④

2019年3月,谷歌宣布了他们的新的量子处理器的诞生。他们已经开发了

---

① 《量子计算WIRED指南》,2018年8月24日,https://www.wired.com/story/wired-guide-to-quantum-computing/,2020年4月30日访问。

② 数学中,拓扑学与几何对象的属性有关,这些属性在连续变形(如拉伸、扭曲、皱折和弯曲)下保持不变。量子拓扑学结合了量子力学与低维度拓扑学。

③ https://www.scientificamerican.com/article/how-close-are-we-really-to-building-a-quantum-computer/,2020年4月24日访问。

④ https://www.ibm.com/quantum-computing/learn/what-is-ibm-q,2020年4月30日访问。

一个被称为"Bristlecone"的量子处理器。这个超导系统的实验台能够研究（谷歌）量子比特技术的系统错误率和可扩展性，以及在量子模拟中的应用、优化和机器学习。这一发展是谷歌逐步实现量子优势更大目标的一部分。谷歌技术领导认为，在研究具体应用之前，首先需要量化量子处理器的能力。他们的理论团队已经开发了一个衡量"Bristlecone"性能的基准测试工具。[15] 目前在该领域取得成功的科技巨头屈指可数。谷歌似乎在这方面取得了一些有趣的进展。他们声称在2019年实现了量子优势，这让人大吃一惊。在该领域目前进行的研究的整体背景下，验证他们的说法很重要。然而，需要承认的是，他们取得的成就可以为未来的研究打开许多大门。

与所有已知的经典算法相比，量子优势的概念指运算速度有了显著提高。这相当于量子优势实验性实现，[16] 谷歌已经开发出一种量子计算机，称之为"悬铃木"(Sycamore)。这种被称为"悬铃木"的微芯片使用了53圈导线，导线周围的电流可以以两种不同的能量流动，代表0或1。芯片放入稀释制冷机，稀释制冷机将导线冷却到绝对零度以上的百分之一度，使其超导。有那么一瞬间——几千万分之一秒，这使得能级表现为量子比特——这种实体可以处于0和1状态的叠加状态。[17] 该公司声称，通过解决一个被认为是普通机器几乎不可能解决的问题，他们已经取得了超越世界上最强大的超级计算机的量子优势。计算机开始计算，生成一长串随机数，并对它们的值进行100万次以上的检查。这些问题实际上有助于检查设备的处理能力。

谷歌的量子计算机由超导金属的微电路组成，这些电路将53量子比特纠缠成一个复杂的叠加态。纠缠的量子比特产生一个介于0~253的随机数，但是由于量子干涉，一些随机数出现次数比其他随机数多。当计算机数百万次测量这些随机数时，它们的不均匀分布就产生了一种模式。用传统计算机进行计算是非常困难的，因为它需要计算253种可能状态中任何一种的概率，其中53种可能状态来自量子比特的数目。（态的）指数缩放是人们对量子计算感兴趣的原因。利用量子纠缠和叠加的独特性能，谷歌用Sycamore芯片在200s内制作出了这种分布模式。否则，用经典计算方法进行的这种计算可能要花上1万年左右的时间，使用目前可用的速度最快的超级计算机也是如此。[18-19]

然而，一些专家对这些说法有不同的看法。IBM的研究人员认为量子优势是一个难以捉摸的概念。根据他们的说法，谷歌没有正确地开展实验。① 很难判断这种观点是否是某种专业竞争的结果。然而，很明显，实现量子优势不会立

---

① https://www.forbes.com/sites/forrester/2019/10/28/google-claims-quantum-supremacy-ibm-says-nope-unpacking-whats-important/#66b88bc65d9f，2019年4月30日访问。

即导致通用量子计算机的出现,因此,至少在未来几年(甚至可能是10年左右)仍将继续使用数字计算机。谷歌的成果是否完全符合量子优势的标准?就看你问谁了。一些研究人员希望能制造出拥有更多的量子比特的计算机,以做出更清晰的演示。当然,对于他们来说,量子优势尚未到来。不过,谷歌的成功展示出了一个新的水平。量子比特往往容易出错,造成计算错误。谷歌的团队不得不使大量精密的量子比特同时发挥作用。因此,一些专家认为谷歌的实验是一个非常好的硬件。谷歌的成功可能类似于1903年莱特兄弟的第一次飞行,证明了飞机成了现实,但没有立即对人类改变太多。①

中国的一个研究小组声称,他们首次明确证明了自己的"量子优势"。他们用激光束进行了一项计算,这项计算在数学上证明,用普通计算机几乎是不可能的。他们已经表明,通过光子可证明量子计算能力远远超过经典计算。中国声称他们的表现比谷歌好得多。但有人指出,与谷歌的"悬铃木"相比,中国团队的光子电路是不可编程的,目前情况下,不能用来解决实际问题。[20]

科学家们并不是孤立地研究量子。人们期望,在未来,量子计算能使人工智能(AI)更加强大。不过,这方面也有一些担忧。人工智能属于经典物理学的范畴,因此无论这项技术取得了多大的进步,它仍然属于0和1的范畴。日本的三菱和德国的大众公司已经开展结合人工智能的量子计算来探索这些问题的解决方案。量子人工智能可以用来解决工业生产中调度物流的相关问题。此外,也可以用量子计算机常规处理投资组合管理的财务优化。但是,工作场所也会出现振动、温度变化、噪声及与外部环境的接触等问题。所有这些都会导致计算机失去"量子态",阻碍它们及时完成计算任务(退相干)。[21]

量子人工智能的思想正在生根发芽,但仍然是一项不成熟的技术。目前,研究人员正致力于创建性能优于经典算法的量子算法,并将其付诸实践。为此,他们需要一个总体上不易出错、功能更强大的量子计算生态系统。基本上是优化算法,以便更好地学习、推理和理解。同样重要的是,要有具有说服力的人工智能应用程序,而这些应用程序是经典计算无法解决的。②

广义上说,量子计算大有可为,但仍任重道远,预计这项技术的整体提高尚需一段时间。目前的量子优势水平尚有争议,但仍然取得了重大进展。量子计算领域开展的工作非常令人鼓舞,并表明了量子计算机已然成为现实。当这项

---

① https://www.sciencenews.org/article/google-quantum-supremacy-claim-controversy-top-science-stories-2019-yir. Accessed on May 1,2020年5月1日访问。

② 《2021年量子人工智能:深度指南》,2021年1月1日,https://research.aimultiple.com/quantum-ai/,2021年2月15日访问。

技术完全成熟时,它将为军事提供重大利益。由于认识到了这项技术的国防潜力,少量国防机构已经开始支持这一领域的研究。可以预期,尤其是航空航天工业,将从这项技术中受益匪浅。

参考文献

[1] Shannon C E(1948) A mathematical theory of communication. Bell Syst Tech J 27:379 – 423,623 – 656. http://people. math. harvard. edu/ ~ ctm/home/text/others/shannon/ent ropy/entropy. pdf. Accessed on 03 April 2020

[2] Aftab,Cheung,Kim,Thakkar,Yeddanapudi(2020) Information theory & the digital revolution. 6. 933 Project History, Massachusetts Institute of Technology, p 3 http://web. mit. edu/6. 933/www/Fall2001/Shannon2. pdf. Accessed on 03 April 2020

[3] Nielsen M A,Chuang I L(2010) Quantum computation and quantum information(10th Anniversary Edition). Cambridge University Press,New York,p 8

[4] Renes J M(2015) Quantum information theory. Lecture Notes,February 4,p 1

[5] Wiesner S(1983) Conjugate coding. SIGACT News. 15(1):78 – 88

[6] Rieffel E,Polak W(2011) Quantum computing:a gentle introduction. The MIT Press,London,pp1 – 4

[7] Grumbling E,Horowitz M(Eds)(2019) Quantum computing:progress and prospects. The National Academies Press,Washington,DC,pp 95 – 112

[8] Katwala A(2020) Quantum computers will change the world(if they work). 05 March 2020. https://www. wired. co. uk/article/quantum – computing – explained. Accessed on 24 Apr 2020

[9] Greenemeier L(2018) How close are we – really – to building a quantum computer?. https://www. scientificamerican. com/article/how – close – are – we – really – to – building – a – quantum – computer/. Accessed on 24 April 2020

[10] Krupansky J(2020) The greatest challenges for quantum computing are hardware and algorithms. https://medium. com/@ jackkrupansky/the – greatest – challenges – for – quantum – computing – are – hardware – and – algorithms – c61061fa1210. Accessed on 30 April 2020

[11] Hidary J D(2019) Quantum computing:an applied approach. Springer Nature,Switzerland,pp47 – 48,61

[12] Grimes R A(2020) Cryptography apocalypse:preparing for the day when quantum computing breaks today's crypto. Wiley & Sons,Inc. ,New Jersey,pp 44 – 54

[13] Roger A(2020) Grimes, cryptography apocalypse:preparing for the day when quantum computing breaks today's crypto. Wiley & Sons,Inc. ;New Jersey,p 50

[14] Knight W(2018) Serious quantum computers are finally here. What are we going to do with them? https://www. technologyreview. com/2018/02/21/145300/serious – quantum – computers – – are – finally – here – what – are – we – going – to – do – with – them/. Accessed on 24 April 2020

[15] Whitwam R(2018) Google announces 'bristlecone' quantum computing chip. https://www. extremetech. com/ extreme/265105 – google – announces – bristlecone – quantum – computing – chip. Accessed on 06 May 2020

[16] Arute F, et al (2019) Quantum supremacy using a programmable superconducting processor. Nature 574(24):505–510

[17] Aaronson S (2019) Why Google's quantum supremacy milestone matters. https://www.nytimes.com/2019/10/30/opinion/google-quantum-computer-sycamore.html. Accessed on 30 April 2020

[18] Childers T (2019) Google's quantum computer just aced an 'impossible' test. https://www.livescience.com/google-hits-quantum-supremacy.html. Accessed on 25 April 2020

[19] Pichai S (2019) What our quantum computing milestone means. https://www.blog.google/perspectives/sundar-pichai/what-our-quantum-computing-milestone-means/. Accessed on 30 April 2020

[20] Ball P (2020) Physicists in China challenge Google's 'quantum advantage'. Nature 588:380

[21] Easen N (2020) When quantum computing and AI collide. https://www.raconteur.net/technology/artificial-intelligence/quantum-computing-ai/. Accessed on 14 Feb 2021

第4章
量子密码学

保密是一个普遍存在的问题。量子技术有望为这个问题提供解决方案。数据涉及事实和统计。许多人将数据视为个人的和秘密的实体。定量数据以数字的形式展现,而文本、图像和视频则是定性的数据。大多数情况下,人们会采用各种安全机制,以保护各种数据。总的来说,几个世纪以来,人类一直使用各种技术来保存各种秘密介质,使之安然无恙。保密是一个动态的过程,我们需要不断努力升级和发展新的安全机制。

长期以来,密码的使用一直是保密最常用和最成功的方法之一。密码是一种秘密代码,通常基于数学算法。几十年来,人们经常用密码装置或机器来加密和解密信息。即使在今天,这项技术仍在使用中。显然,对于这些技术,经过一段时间的发展,各种概念和实践都在演变。很久以来,密码的概念几乎已经被全球所接受,这可能就是为什么用代码编写的消息本身被标记为密码的原因。

第一个用于军事指挥官之间秘密通信的密码装置的出现,可以追溯到古希腊历史(比如,大约公元前400年)。这个设备被称为密码棒(scytale)。它是一根锥形的指挥棒,周围有一张羊皮纸缠绕的纸片,上面写着信息。打开时,羊皮纸上有一组神秘的字母,当包裹另一根同样比例的棒时,原文出现了。后来出现了像密码盘这样的设备,14世纪末欧洲政府用它联络通信。这些装置由两个旋转的同心圆组成,两个同心圆上都有26个字母。一个磁盘用于选择明文字母,而另一个用于相应的密码组件。1891年法国密码学家艾蒂安·巴泽里(Étienne Bazeries)发明了一种更复杂的密码装置,称之为圆柱形密码图。[①] 一段时间以来,产生了各种修改过的密码系统,其中一些密码装置仍在使用中。

许多数学家用密码开发新技术。众所周知,一种称为密码学的技术是使用代码和密码来保密的。这种技术已经用了许多世纪。实际上,密码学一直在使

---

① https://www.britannica.com/topic/cipher,2020年5月13日访问。

用：从银行业务到使用手机，再到打开车门，甚至阅读任何网页。

密码学是一门秘密书写的科学。它有着悠久的历史，最早的书面使用密码学的记录可以追溯到公元前1900年左右。这个时期，埃及抄写员在铭文中使用非标准的象形文字。有一种观点认为，密码学是在文字发明后的某个时间自发出现的，其应用范围从外交信函到战时作战计划。新型密码学，主要是随着信息技术系统和计算机通信的出现而出现的。今天，从教育到银行到医疗保健，再到商业到军事，几乎所有的生活领域都依赖基于信息技术的工具。在数据和电信领域，使用任何公开媒介通信时都需要密码学，包括几乎所有的网络，主要是互联网。例如，为了保障各种监控（银行业和其他行业）交易安全，需要加密技术。同样，用类似技术能够保证所有形式的共享信息（如电子邮件）的安全。最广为人知的密码学例子是 WhatsApp，①它附带了端到端加密，这是一种只有通信用户才能读取消息的通信系统。此外，类似的安全措施在电子购物时也必不可少，以确保维护信用卡/借记卡数据的隐私。电子银行和电子签名也是如此。

密码学有以下五个主要功能。

(1) 隐私/保密：确保除特定接收者外，任何人都不能阅读信息。

(2) 身份验证：证明自己身份的过程。

(3) 完整性：向接收者保证接收到的信息与原始信息相同。

(4) 不可否认：证明发件人确实发送了此消息的机制。

(5) 密钥交换：发送方和接收方之间共享加密密钥的方法。

密码学中，有一种未加密的数据，被称为明文。明文被加密成密文，然后（通常）被解密成可用的明文。加密和解密基于所使用的加密系统类型和某种形式的密钥。[1]

编码技术是通信和信息共享以及选择性信息分发所必需的。在这两种情况下，都需要编码，以确保只有经授权的人员才能获得信息。显然，密码学被视为一门隐藏信息、以在信息安全中引入保密性的艺术和科学，很久以来就受到了广泛的需求。"密码学"一词是两个希腊单词的组合，"Krypto"意思是隐藏的，"graphene"意思是书写。密码学起源于罗马和埃及文明。密码学发展的早期阶段有些随意，并出现了各种特殊的方法。到了19世纪末及其后的时期，密码学成为信息安全的一个分支，以一种非常有条不紊的方式出现。20世纪初，发明了机械和机电设备，这导致了更先进、更有效的信息编码方法的诞生。整个第二

---

① WhatsApp 是一款美国免费软件，归 Facebook 所有。它允许用户发送文本和语音信息，进行视频通话，以及共享图像和文档。

次世界大战期间,密码学的各个方面都在数学的帮助下得到了实质性的发展,①这些都有助于使密码学成为一门科学。随后,随着计算机和互联网的出现,密码学开始成为重要的研究领域,并开始在研究人员、工业界和决策者中越来越受到欢迎。科技进步使得密码学更加有效,并最终扩大了它在普通用户中的使用基础。

密码学的一些重要技术包括[2]:

(1)手动系统(例如,简单替换、手动代码)。

(2)机械装置(例如,第二次世界大战和朝鲜战争时代的 M 209 装置)②。

(3)机电设备(例如,第二次世界大战时期的谜(Enigma,德国工程师阿图尔·谢尔比乌斯发明的一种转轮式的密码机。译者注)③和紫色(Purple,美国军队给日本外务省在第二次世界大战期间使用的一种机械式密码机所起的名字,因为这种密码机通常为紫色,是一种步进开关式电气机械加密装置。——译者注)设备)④。

(4)现代电子加密和认证机制[例如,高级加密标准(AES)、数字签名算法(DSA)和密钥散列消息鉴别码(HMAC)]。现代密码学使用数学技术提供安全服务,依赖两个基本组成部分:一个是算法(或称密码方法),另一个是密码密钥,决定了算法操作细节。

从概念上讲,信息记录的过程并没有随着时间的推移而发生根本性变化。过去,信息通常是用纸上存储和传输的。目前,大部分信息主要以数字形式(电子形式)提供,并且以磁性介质为载体,通过无线或其他形式的电信系统进行通信。数字化这个过程,从根本上改变的是复制、修改和存储信息的能力。我们可以根据要求制备许多相同的信息副本。因此,我们面临的挑战始终是安全可靠地存储信息。

在发展的早期阶段,大多数的技术是为了满足信息安全的需要。特别是在过去的 20 年,密码学领域迅速发展成为一门科学学科。一段时间以来,许多关于密码学的争论和科学研究都在进行,也举办了一些国际科学会议。还成立了一个名为国际密码研究协会(IACR)的国际科学组织,⑤旨在促进这一领域的研究。

---

① https://www.tutorialspoint.com/cryptography/cryptography_quick_guide.htm,2020 年 5 月 13 日访问。

② 第二次世界大战初期开发的轻型便携式针耳式密码机。

③ Enigma 机器是一种加密设备(20 世纪上半叶),用于保护纳粹德国在第二次世界大战期间使用过的商业、外交和军事通信。

④ 一种日本的"B 型密码机",美国密码分析员将其命名为紫色。

⑤ https://www.iacr.org/,2020 年 5 月 28 日访问。

第 4 章 量子密码学

密码学的发展是渐进的。古典密码学作为开端,几十年前,发展成为一门学科——密码学。逻辑学和数学从一开始就是密码学的基石。数学有助于开发计算方法,有助于对所有人隐藏某些信息(需要隐藏的数据)的相关背景知识,当然对于发送者和接收者除外(隐私或保密),和/或帮助向收件人验证信息的正确性(身份验证)。[3] 经典密码学采用两种技术:对称密码学和非对称密码学。在文献中,这些术语会有不同的名称,如对称加密和非对称加密。

密码算法的分类通常依据用于加密和解密的密钥数量,并根据它们的用途来进一步划分。大体上,讨论了 3 种类型的算法(图 4.1)。分别是:①

(1)密钥加密(SKC):使用单一密钥进行加密和解密,也称对称加密。主要用于隐私和保密。

(2)公钥加密(PKC):使用两个密钥,一个密钥进行加密,另一个用于解密,也称非对称加密。主要用于身份验证、不可否认性和密钥交换。

(3)散列函数:使用数学变换不可逆地"加密"信息,提供数字指纹。主要用于消息完整性。散列函数设有密钥,因此无法由密文恢复明文。

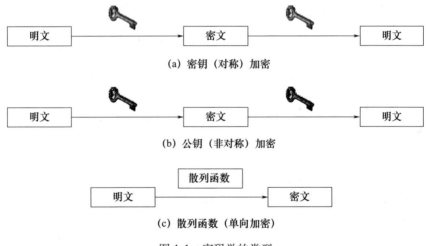

图 4.1 密码学的类型

在对称密钥/私钥/密钥加密情况下,信息接收方和发送方都使用单个密钥来加密和解密消息。高级加密系统是常用的一种加密方法。这是美国国家标准与技术研究所(NIST)在 2001 年制定的电子数据加密规范。该方法更简单、速度更快。非对称密钥/公钥密码在信息传输中遵循一种多样且受保护的方法。通过使用两个密钥,发送方和接收方都可以加密和解密。公钥通过网络共享,消

---

① https://www.garykessler.net/library/crypto.html,2020 年 5 月 18 日访问。

息通过公钥传输,而私钥是个人存储。非对称加密中经常使用 RSA 方法。① 公钥方法比私钥方法更安全,但是需要过多的通信资源和处理资源。使用散列函数的算法可输入任意长度的消息,并提供固定长度的输出。②

RSA 是被广泛采用的算法,③甚至在大多数保留系统中也得到支持。这种算法得到了广泛支持,并被认为,至少在不久的将来是安全的。这是一种非对称密码算法,使用 1 个公钥和 1 个私钥(两个不同的、数学上关联的密钥)。在这里,公钥是公开共享的,而私钥是秘密的,不能与任何人共享。④ 除了 RSA,其他的公钥算法几乎都不值一提。数字签名算法(DSA)是一种用于数字签名的公钥算法,可以用于加密,主要用于数字签名。然而,数字签名算法并没有得到广泛的支持。一种被称为椭圆曲线数字签名算法(ECDSA)的数字签名算法变体具有更广泛的可接受性,使用椭圆曲线密码。椭圆曲线数字签名算法通常应用于公钥基础设施(PKI)和数字证书,需要的密钥比数字签名算法 RSA 更小。⑤

经典的加密系统有一些缺点。这种技术需要大量的计算才能使算法有效,主要是因为,经典密码学中使用的算法并非完全没有漏洞,众所周知,黑客正是利用了这一弱点。此外,经典密码学中使用的密钥相对较小,导致算法的预期寿命也相应较短。一般来说,如果不使用一次一密(OTP)技术,⑥专家可以破解代码并提取所有信息。一次一密提供随机生成的私钥,该私钥只能用于加密一次消息,然后由接收方使用匹配的一次一密和密钥以解密。理论上讲,没有办法通过分析一系列消息来"破译代码"。每个加密都是唯一的,与下一个加密无关,因此无法检测到任何模式。这种技术主要在第二次世界大战和冷战期间使用,也被称为 Vernam 密码或绝对安全密码。这是现有的唯一的数学上不可破解的加密。⑦

从形式上来说,密码可以被看作艺术和科学的结合。现代密码学以数学理论和计算机科学实践为基础。随着信息时代的到来,密码学的实践也在不断发

---

① Rivest – Shamir – Adleman(RSA)算法利用了这样一个事实,即没有有效的方法来分解非常大的(100~200 位)数字。现代计算机使用此算法来加密和解密消息。
② https://www.elprocus.com/cryptography – and – its – concepts/,2020 年 5 月 23 日访问。
③ RSA 算法以 1978 年发明者的名字命名:罗恩・里维斯特(Ron Rivest)、阿迪・沙米尔(Adi Shamir)和伦纳德・阿德勒曼(Leonard Adleman)。
④ https://www.educative.io/edpresso/what – is – the – rsa – algorithm,2021 年 2 月 7 日访问。
⑤ https://www.misterpki.com/rsa – dsa – ecdsa/,2020 年 6 月 5 日访问。
⑥ https://www.airtract.com/question/What – are – the – advantages – and – disadvantages – of – classical – cryptography,2020 年 5 月 24 日访问。
⑦ https://searchsecurity.techtarget.com/definition/one – time – pad and http://users.telenet.be/d.rijmenants/en/onetimepad.htm,2020 年 5 月 28 日访问。

展,并帮助开发了各种算法。自 20 世纪 70 年代以来,现代密码学一直在迅速发展,其思想基于公钥密码系统,可以实现密码学的主要目标:机密性、身份验证、数据完整性和不可否认性。现代密码学的各种重要概念包括公钥(非对称密钥)密码学、密钥(对称密钥)密码学、分组密码、流密码、安全散列函数和数字签名。① 密码学技术的发展在信息时代提出了许多法律问题。密码学也有"安全"的含义,作为间谍活动的工具有着重要的实用价值。各国都将密码技术视为一种工具,既可用于个人安全,也可用于国家安全。

通过设计密码,现代密码学是安全的,但是在某些情况下可以被破解。基本上,如果加密技术实施不当或使用不当,就会产生黑客可以利用的漏洞。使用现代密码系统的方法多种多样。要攻击密码学,本质上需要攻击正在使用的密码算法。这可以通过手动逆向工程或关键字搜索算法名称来实现。另外,通过观察数据块的长度,以及识别可执行文件的依赖关系,可以帮助理解并破解代码。② 有趣的是,人为错误是造成数据泄露的主要原因之一。大多数情况下,加密代码在各种情况下被错误地使用。

如果使用得当,现代密码学是非常强大的。而且,即使存在漏洞,破解加密的消息也不容易,可能需要很长时间。假设使用 128 位高级加密标准的密码,128 位的可能密钥数量是 2^{128}。如果没有关于密钥性质的信息,则破译代码的尝试需要测试每个可能的密钥,直到找到一个有效密钥。③ 即使使用多台超级计算机,破译代码的过程也可能会持续很多年。因此可以肯定地说,破解密码的原因,主要是人为错误或者运气! 但是,当量子计算成为现实时,破解这些代码将成为可能。

破解加密程序是一个数学问题,因此一些加密密钥是由数千位长的数字组成的,其目的是使解决问题尽可能困难/费时。其中一些加密密钥非常复杂,用传统超级计算机求解它们所需的时间,也许是几千年,也许比宇宙存在的年份还长! 然而,理论上,量子计算机所用的计算时间可以从 1 万年减少到大约 3min。④ 现有的量子计算机不足以破解密码逻辑。谷歌的量子计算机,谷歌的"悬铃木"机有一个处理器可以处理 54 个量子比特。然而,要破解任何现有的

---

① https://link.springer.com/chapter/10.1007/0-387-26090-0_3,2020 年 5 月 24 日访问。

② https://resources.infosecinstitute.com/category/certifications-training/ethical-hacking/cryptogrphy-fundamentals/breaking-cryptography-for-hackers/#gref,2020 年 5 月 25 日访问。

③ https://www.computerworld.com/article/2550008/the-clock-is-ticking-for-encryption.html,2020 年 5 月 25 日访问。

④ https://www.forbes.com/sites/waynerash/2019/10/31/quantum-computing-poses-an-existential-security-threat-but-not-today/#648870d95939,2020 年 5 月 25 日访问。

最先进的算法,就需要计算机有能力处理数百个,甚至数百万个量子比特。因此,先进的量子计算机被视为破解密码技术的答案。

量子计算能够挑战传统(20世纪和21世纪初)密码学方法,这种可能性表明,网络安全的未来岌岌可危。现代密码学既容易受到计算能力技术进步的影响,也容易受到数学进步的影响,以快速逆转单向函数,如分解大整数。因此,解决方法是将量子物理引入密码学。[4]量子物理的引入正在导致现代密码学的一场革命,催生了一个新的学科,被称为量子密码学。量子密码学越来越被认为是信息技术产业领域最具发展潜力的主题之一。量子密码学也被称为量子加密,可以使秘密安然无恙。

量子密码学诞生于20世纪70年代初,当时史蒂文·威斯纳(Steven Wiesner)撰写了《共轭编码》《Conjugate Coding》一书。他提出的量子货币概念已在本书的其他地方讨论过。

量子密码学的整体表述都是以物理学为基础的,并且依赖量子力学定律。量子密码学是一门日益发展的技术,强调量子物理现象,即双方可以进行安全通信,其基础是量子力学定律的不变性。量子力学涉及构建数学框架或设立一套规则,以构建相关的物理理论。量子密码学依赖量子力学的两个重要元素:海森堡测不准原理和光子偏振原理。

德国物理学家维尔纳·海森堡的理论,被称为海森堡测不准原理(1927年)或不确定性原理,该理论指出,不能同时精确测量物体的位置和速度,即使在理论上也是如此。这一原理源于测量问题,即量子对象的波和粒子性质之间的密切联系。当波函数被限制于一个较小区域时,粒子速度的变化就变得更加不明确。这一原理的独特之处在于,它只在你试验测量某物的那个瞬间才成立。这一原理对于光子的适用性非常明显。光子具有波状结构,并且在一定方向上偏振或倾斜。在测量光子偏振时,所有后续的测量都会受到所选择的偏振测量方法的影响。在量子密码学中,这一原理对避免攻击起着至关重要的作用。①

光子偏振通常被视为经典的、极化的正弦波平面上电磁波的量子力学描述。单个光子可以被描述为具有右旋圆极化或左旋圆极化,或者两者的叠加。根据实验,如果用平面偏振光发射光电子,对于电子而言,有一个优选的发射方向。很明显,光的偏振特性通常与它的类似波的行为有关,延伸到它类似粒子的行为。特别地,偏振可以归因于光束中的每个光子。光子偏振原理是指由于不可克隆定理,窃听者无法复制独特的量子比特,即未知量子态。如果试图测量任何

---

① http://abyss.uoregon.edu/~js/21st_century_science/lectures/lec14.html and https://www.geeksforgeeks.org/classical-cryptography-and-quantum-cryptography/,2020年5月24日访问。

属性,则会干扰其他信息。①

现代密码学与量子密码学的根本区别在于,现代密码学都是关于各种数学算法和信息技术应用的,而量子技术则是基于物理基本定律以提供安全性,用来创建安全通信的。这项技术简单易用,易于维护,几乎不可破解。这种技术的主要优点是,以量子态编码的数据不可能被复制。然而,量子密码不能提供多种重要特征,比如数字签名、邮件认证等。②

简单地说,量子密码术可以被定义为一个过程,简单地使用量子力学的原理加密数据并以不可破解的方式传输。然而,量子密码学背后的量子力学原理非常复杂,例如:

(1)组成宇宙的粒子本质上是不确定的,可以同时存在于多个地方或具有多个存在状态。

(2)光子在两种量子态下随机产生。

(3)无法在不改变或干扰它的情况下测量量子的属性。

(4)可以克隆一个粒子的某些量子特性,但不能克隆整个粒子。

所有这些原理都对量子密码学如何工作发挥着作用。

量子密码,或称量子密钥分发(QKD),可以使一系列光子(光粒子)通过光缆,将数据从一个位置传输到另一个位置。通过比较这些光子的一小部分特性的测量值,两个端点可以确定密钥是什么,以及使用是否安全。

进一步分解该过程,可以更简单地理解为:

(1)发送者通过一个滤波器(或偏振器)传输光子,该滤波器(或偏振器)随机给出四种可能的偏振中的一种,并指定其位:垂直(一位)、水平(零位)、45°右(一位),或45°左(零位)。

(2)光子到达接收器,接收器使用两个分束器(水平/垂直和对角线)"读取"每个光子的偏振。接收器不知道每个光子使用哪个分束器,必须猜测使用哪个分束器。

(3)一旦发送出光子流,接收器会告诉发送者,用哪个分束器发送序列中的每个光子,发送者会比较该信息与用于发送密钥的偏振器序列。用错误分束器读取的光子将被遗弃,由此产生的位序列作为密钥。

窃听者以任何方式读取或复制光子,都会改变光子的状态。端点将检测到

---

① http://farside.ph.utexas.edu/teaching/qm/lectures/node5.html and https://www.geeksforgeeks.Org/classical-cryptography-and-quantum-cryptography/,2020年5月24日访问。

② https://www.geeksforgeeks.org/classical-cryptography-and-quantum-cryptography/,2020年5月24日访问。

变化。换句话说,这意味着窃听者做不到读取光子并将其转发或复制,而不被检测到。

为了理解量子加密是如何工作的,想象一下两个人"A"和"B"之间的数据交换情况。他们想互相发送加密信息,但担心会被截获。使用量子密钥分发:"A"通过光缆发送给"B"一系列偏振光子。这根电缆并不需要固定,因为光子具有随机量子态。假设一个名为"C"的窃听者试图监听对话,那么,"C"必须读取每个光子才能读取加密信息,此后,"C"必须再把光子传给"B"。通过读取光子,"C"改变了光子的量子态,量子密钥出现错误。这提醒"A"和"B",有人正在监听,并且密钥已被泄露,因此他们会丢弃密钥。"A"必须向"B"发送一个未被泄露的新密钥,然后"B"可以使用该密钥读取秘密。①

目前,量子密码学被认为是管理秘密的唯一的、完整的证明方法。如前所述,这个过程涉及使用光子在两个实体之间通过物理方法传递一个共享的秘密。通过比较这些光子的一小部分特性的测量结果,可以识别任何窃听企图。虽然这个过程被称为量子密码术,但它实际上涉及加密密钥的交换。因此,主要使用术语——量子密钥分发,来描述这个过程。这项技术尚未进入商业市场,但是欧洲国家,比如瑞士等少数政府已经开始使用这种技术。② 网络安全专家早就知道美国电网正面临网络黑客的威胁。现有的对称密钥加密系统存在一些问题,因为它们不能完全保证网络中的通信安全,所以美国机构将量子加密作为一种选择。量子密钥分发技术显示出很大的潜力,可以防止黑客悄悄地攻击网络的各个部分。橡树岭国家实验室和洛斯阿拉莫斯国家实验室的一个合作项目,在这一研究领域已经取得了一些进展。[5]

量子密钥分发的概念最早在 20 世纪 70 年代被提出,但直到 20 世纪 90 年代,当它与量子纠缠联系起来的时候,物理学家才开始真正对这个课题感兴趣。从那时起,这个领域的进展突飞猛进。在 21 世纪初,第一个商用系统开始进入市场。目前,主要的挑战是将量子密钥分发系统集成到现有网络基础设施中。量子密钥分发设备供应商、电信部门、网络运营商、数字安全专业人员和科学家等多个多学科团队正在为此而努力。

通常,在单个光子上进行信息编码。例如,可以选择"A",使用两种状态中的其中一种进行编码,如垂直(V)或水平(H)偏振,将它们编码为"位序列"。"A"也可以选择在两种不同的状态下编码,比方说,这两种状态的两种组合标记为 +45°以及 -45°。然后在两者之一中,选择"B"测量,称为基站—B 测量 H,

---

① https://quantumxc.com/quantum-cryptography-explained/,2020 年 5 月 4 日访问。
② https://www.wired.com/insights/2014/09/quantum-key-distribution/,2020 年 6 月 2 日访问。

V,或测量 +45°,-45°。如果准备的 A 为不同的基站,"B"测量,则 B 的答案将是随机的,并删除;但如果 A 和 B 选择同一个基站,则它们将有完全相关的结果;"A"发送 H,"B"检测 H,保留。最后一步需要清楚"A"和"B"使用哪个基站通信,但是没有揭示有关结果的信息,结果就变成了密钥。① 这个过程只是一种方法,现在已经有了更多的方法。

密码技术平稳发展,新协议提供了量子密钥分发的高速率(大于 Mb/s 级)和长距离(>400km)。然而,实际上,许多可用的系统只能覆盖大约 100km 的有限距离。许多机构正在努力克服这一限制。除了学术实验,系统在商业层面也得到了发展。2019 年,量子密钥分发的欧洲实验台启动(开始日期 2019 年 9 月 2 日,结束日期 2022 年 9 月 1 日)。预计这将吸引工业界更多的兴趣,并加速全球采用量子密钥分发解决方案。这个试验台由欧盟资助的 OPENQKD 项目启动,涵盖了奥地利、捷克共和国、法国、德国、希腊、意大利、荷兰、波兰、西班牙、瑞士和英国。预计这项任务将提高关键应用领域的安全性,包括电信、电力供应、医疗保健等行业。② 下一步的目标是巩固欧洲在量子技术领域的领导地位。

众所周知,量子计算机的出现,将使经典(和现代)公钥密码体制过时,并威胁到现有的密钥分发协议。但是,量子密钥分发是不可破解的(至少在理论上是如此),因此有必要在这个领域进行深入研究。量子计算可以发展为一个可用的和商业化的系统,在这个想法落地生根之前,科学家一直在努力,以确保量子密钥分发结构成为现实。同时,人们意识到,由于使用对称加密,消息是用同一个密码来加密和解密的,因此对称加密不适用于公共通信,但很难破解。预计量子计算机不太可能破解这种对称加密方法(AES、3DES 等),但可能破解公共加密方法(ECC 和 RSA 等)。然而,目前还没有公认的量子方法来破解格基加密方法,它使用的是围绕格中困难问题构建的加密算法。[6]

可使用各种类型的量子密钥分发协议。1984 年,查尔斯·贝内特(Charles Bennett)和吉尔斯·布拉萨德(Gilles Brassard)发表了第一个量子密钥分发协议(BB84),该协议基于海森堡的不确定性原理,以两位作者的姓和发表年份命名,简称 BB84 协议。[7] 一些已知的量子密钥分发协议包括 SARG04、T12、E91、B92 和六态协议。

量子密钥分发协议的整个领域非常广泛,并且有各种各样的子集。一般来

---

① https://qt.eu/understand/underlying-principles/quantum-key-distribution-qkd/,2020 年 6 月 2 日访问。

② https://qt.eu/understand/underlying-principles/quantum-key-distribution-qkd/,2020 年 6 月 2 日访问;https://cordis.europa.eu/project/id/857156,2020 年 6 月 3 日访问。

说,量子密钥分发方案主要有两种:制备和测量(P&M)方案及基于纠缠(EB)方案。P&M 方案建立在单个量子比特上,而 EB 方案建立在纠缠量子比特上。这两种方案中的任何一种都可以被双方使用,从而得到一个共享密钥。P&M 方案可立即转化为 EB 方案。此外,还存在另一类协议,被称为连续变量协议和分布式相位参考(DPR)协议,它们包括不同的相干单向协议和分布式相位参考协议。[8] 有多种方法可以有效地提高量子密钥分发的性能。例如,采用光子扣除法得到八态连续变量,[9] 这说明量子力学领域是一个非常活跃的领域,自 1984 年以来,已经进行了大量的研究。

量子密钥分发方法主要适用于需要处理在任何情况下都要保证秘密安全的、应用内容高度敏感的机构。沟通的各方都在固定的地点,因此,成本不是主要考虑的问题。这些机构基本上属于政府、军队和某些提供金融服务的相关机构。然而,地面网络需要量子中继器,目前尚不存在这种量子中继器,没有人知道他们什么时候会这么做。作为一种替代方案,中国政府和其他国家一直在研究利用卫星远距离发射光子。① 从本质上讲,迫切需要尽早实现更成熟的量子密钥分发。这是因为,预计量子密钥分发的有效期有限。当量子计算成熟到商业上可行的技术水平时,预计量子密钥分发的重要性将开始减弱。

目前,在可用的密码系统中,如具有 4000 位密钥的 RSA 可以抵御大型经典计算机的攻击,但不太可能抵御大型量子计算机的攻击。一些替代方案,如具有 400 万位密钥的 McEliece 加密②有望抵御这种攻击——无论攻击来自大型经典计算机还是大型量子计算机。因此,显而易见的问题是,"有没有理由担心量子计算机可能带来的威胁"?[10] 基本答案可能是,我们不确定量子计算的威胁到底会如何变化,我们尚未作好准备。因此,需要继续努力来发展后量子密码技术。

密码学对于网络空间的安全至关重要。一旦大型量子计算机成为现实,现有的各种密码系统就有望被彻底打破。后量子密码学是在假设攻击者拥有大型量子计算机的前提下的密码学。即使在这种情况下,后量子密码系统也需要竭尽全力以保证安全。后量子密码学的主要挑战是在不牺牲置信度的情况下满足密码可用性和灵活性的要求。[11] 如果量子计算机变得足够强大,则后量子密码学包含的算法可以抵御网络攻击。一旦这种情况发生,后量子加密将在很大程度上发挥作用。[12] 从本质上说,各种政府和私人机构将要寻求的,不是量子加密

---

① https://www. insidequantumtechnology. com/quantum – key – distribution – vs – post – quantum – cryptography/,2020 年 6 月 5 日访问。

② Robert McEliece 的非对称加密算法(1978)。它在加密过程中使用随机化。这种不太流行的加密算法是"后量子密码学"的候选者,因为 Shor 算法不能够攻击这种加密算法。

或量子密钥分配,而是后量子加密。

量子密码学有两大阵营:一种是基于硬件的方法,量子密钥分配是利用量子力学的基本原理来实现无法截获的安全通信;另一种是基于软件的方法,用于发展后量子密码学(PQC)相关的专业技术。后量子密码学基于新的算法,与 RSA 不同的是,它不基于对大的半素数(如果一个大于 1 的整数可以分解为两个素数,则称其为一个半素数。——译者注)的因式分解。在未来,高性能量子计算机将可破解大的素数。有一种观点认为,这两种技术可以共存,因为有许多不同的使用案例,其中需要对抗量子的密码技术。量子密钥分发和后量子密码学通常具有不同的特性。两种技术的对比如表 4.1 所示:①

表 4.1　后量子密码学与量子密钥分发对比

比较指标	后量子密码学	量子密钥分发
安全	算法将经过多年的研究,以确定可靠性。然而,并不能百分之百地保证有人最终会找到破解方法	量子力学保证,一个量子信道不能被成功拦截而不被发现
实施	大多数实施将仅限于软件。不需要专门的硬件	需要专门的硬件才能实施
通信媒介	可用于任何类型的数字通信媒介,包括射频、有线网络、光通信	仅适用于光通信;光纤或自由空间光纤
成本	成本相对较低,因为解决方案基于软件	成本更高,因为需要硬件和新的通信基础设施
中继器兼容性	完全兼容当前的数字中继器技术	通过接收一个量子通道、解码为经典位、重新加密并重新传输到另一个量子信道,中继器发挥作用。然而,当数据在中继器处于经典状态时,这确实会产生拦截的安全风险
移动设备兼容性	与移动设备使用的任何类型通信完全兼容	非常有限。只能与视距节点一起使用
数字签名兼容性	目前正在专门为数字签名应用开发各种标准	可能用于数字签名,但由于其他原因不太可能使用

预计后量子密码学将主导大量消费和标准商业用途,在这些应用中,移动性、成本和最小化对硬件基础设施等因素的变化非常重要。由于这种方法基于软件,因此它可以使用与当今数字网络相同的硬件基础设施,并且不会受到任何覆盖范围的限制。后量子密码学与任何数字通信媒介兼容,包括电线、无线电

---

① https://www.insidequantumtechnology.com/quantum-key-distribution-vs-post-quantum-cryptography/,2020 年 6 月 5 日访问。

波,当然还有光网络。然而,尽管多年以来,对后量子密码学算法进行了分析和测试,但没有人能找到破解后量子密码学代码的方法,当然,仍然有很小的可能性:有人能找到一种新的算法来破解 PQC 代码,就像索尔发明的破解 RSA 代码的算法一样。因此后量子密码学将无法提供类似量子密钥分配方法的、同样 100% 的安全保证。①

后量子密码学是一个相对较新的研究领域。这个研究领域在识别上取得了一些成功,根据这些数学运算,量子算法在速度方面获得少许优势,然后据此构建了密码系统。后量子密码学的基本挑战是在不牺牲可靠性的前提下满足对密码可用性和灵活性的需求。[13]

科学家们相信,在未来,区块链和其他分布式账本技术(DLT)甚至可能会遇到问题。目前,由于能够提供透明度、冗余和问责制,它们的使用正在增加。对于区块链,这些特征是通过公钥加密和散列函数提供的。不久的将来,可能会有人基于格罗弗和索尔的算法对此类系统进行量子计算攻击。这种算法会威胁到公钥密码和散列函数,迫使重构区块链,以利用能够抵御量子攻击的密码系统,从而创建后量子或抗量子密码系统。在这方面,科学家们正致力于寻找解决方案,研究如何应用后量子密码系统减少这种攻击。[14]

总之,我们可以说,多年以来,网络空间已成为广泛的信息交流载体,几乎涉及生活的方方面面:从教育到行政管理、金融、医学、军事,从个人到群体,从社会到国家,确保网络空间的安全对每个人都至关重要。量子科学展示了对网络空间领域产生重大影响的潜力,该领域在确保整个信息技术生态系统的安全方面具有各种优点。量子密码技术已经成为确保网络空间中各种活动安全的主要手段之一。量子密码/QKD 可以帮助实现各种密码任务,而经典密码学或现代密码学不可能完成这些任务。还需要指出的是,科学家意识到量子密码学可能存在的局限性,已经开始构建后量子密码学方法。从军事角度看,密码学有很大的现实意义,预计这项技术将在未来极大地帮助军方。

参考文献

[1] Kessler G C (2020) An overview of cryptography, 26 April 2020. https://www.garykessler.net/library/crypto.html. Accessed 13 May 2020

---

① https://www.insidequantumtechnology.com/quantum-key-distribution-vs-post-quantum-cryptography/,2020 年 6 月 5 日访问。

[2] Barker E B, Barker W C, Lee A (2005) Guideline for implementing cryptography in the federal government. NIST Spec Publ 800 – 21:4

[3] Diffifie W, Hellman M E (1979) Privacy and authentication: an introduction to cryptography. In: Proceedings of IEEE, vol 67, no 3, Mar 1979, pp 397 – 427

[4] Aditya J, Shankar Rao P (2020) Quantum cryptography. https://cs.stanford.edu/people/adityaj/Quantum-Cryptography.pdf. Accessed 25 May 2020

[5] Cardinal D (2019) Quantum computing can soon help secure the power grid. https://www.extremetech.com/electronics/286893 – quantum – computing – can – soon – help – secure – the – power grid. Access 23 Dec 2019

[6] Korolov M, Drinkwater D (2020) What is quantum cryptography? It's no silver bullet, but could improve security. https://www.csoonline.com/article/3235970/what – is – quantum – crypto graphy – it – s – no – silver – bullet – but – could – improve – security.html. Accessed 10 May 2020. Lattice cryptography is the favourite at present, simply because it's the most practical to implement

[7] Haitjem M (2018) A survey of the prominent quantum key distribution protocols. https://www.cse.wustl.edu/~jain/cse 571 – 07/ftp/quantum/#BB84. Accessed 04 Jun 2020 and Nurhadi A I, Syambas N R (2018) Quantum Key Distribution (QKD) protocols: a survey. In: 2018 4th international conference on wireless and telematics (ICWT), Nusa Dua, 2018, pp 1 – 5

[8] Mafu M, Senekane M (2020) Security of quantum key distribution protocols, Chapter 1, p 6. https://www.intechopen.com/books/advanced – technologies – of – quantum – key – distribution/security – of – quantum – key – distribution – protocols. Accessed 04 May 2020

[9] Peng Q, Xiaodong W, Guo Y (2019) Improving eight – state continuous variable quantum key distribution by applying photon subtraction. Appl Sci 9(1333):1 – 9

[10] Bernstein D, Buchmann J, Dahmen E (2009) Post – quantum cryptography. Springer, Heidelberg, p 11

[11] Bernstein D J, Lange T (2017) Post – quantum cryptography. Nature 549:188

[12] Rice D (2020) Quantum cryptography and post – quantum cryptography? https://fedtechmagaz ine.com/article/2020/03/what – difference – between – quantum – cryptography – and – post – quantum – cryptography – perfcon. Accessed 04 June 2020

[13] Bernstein D, Lange T (2017) Post – quantum cryptography. Nature 549:188 – 194

[14] Fernández – Caramés T M, Fraga – Lamas P (2020) Towards post – quantum blockchain: a review on blockchain cryptography resistant to quantum computing attacks. IEEE Access 8:21091

第 5 章
量子通信

"通信"一词可能有不同的含义,主要基于上下文来理解。但是,无论上下文如何,任何形式的交流都广泛地涉及两个或两个以上的群体(或个人)之间传递信息或交换信息。通信包括成功地传达或分享各种想法和感受。可以用各种方式和方法来传达这种信息。几个世纪以前,居住在森林地区的人们习惯用鼓进行远距离通信。这些年来,随着通信技术的发展,人们开始使用不同类型的媒介通信。在通信领域的各种技术发展,甚至在其他方面都有助于各种通信手段的发展。多年来,与各种通信方法相关的主要问题之一是确保传达内容的"安全性"。

量子通信建立在一系列颠覆性的思想和技术之上。它是由物理学的一些基础知识和有前景的应用所驱动的。量子通信可以说在物理学中处于优势地位,介于基础量子力学和应用量子光学之间。这一领域涉及科学和技术领域的新知识组合,从电信工程到理论物理,从理论计算机科学到机械和电子工程。当时的物理学家把量子通信看作是探索大的实体纠缠和叠加等饶有兴趣的话题的实验场。[1]同时,这是一项新兴技术,物理学家热衷于寻找量子物理学可能失败的情况。本质上,他们的兴趣是检验量子物理的极限。

目前,敏感数据经过加密,然后通过光纤电缆和其他通道与解码信息所需的数字"密钥"一起发送。这些数据和密钥通过著名的 0 和 1 格式经典位发送。然而,这种格式很容易受到黑客入侵,很难追踪有不当行为的肇事者。克服这种危机的最佳选择是量子通信。这项技术利用量子物理定律保护数据,确保通信不会受到黑客入侵。这些定律允许粒子(通常是用于沿光缆传输数据的光子)呈现叠加状态。这样,它们可以同时表示 0 和 1 的多个组合。这些量子比特(量子位)不可能被黑客篡改后,而不留下活动的迹象。到目前为止,可以说,这项技术还没有完全成熟,还需要进行更多的研究。值得注意的是,一些私人公司已经开始利用量子物理的特性创建基于量子密钥分发的、用于传输高度敏感数据的网络。[2]

量子通信涵盖了大量技术和应用,这些技术和应用从最先进的实验室中的试验,转化为可销售的技术。在这一新兴的通信领域,正被研究的量子密钥分发和量子随机数发生器(QRNG)等量子技术备受争议。① 同时,在全球范围内发展量子通信网络也面临着一些重大挑战。在这方面已经有了一些创新,但所有这些努力仍处于非常初级的水平。

即使对知识渊博的人来说,量子物理的概念也很难理解。尼尔斯·玻尔和阿尔伯特·爱因斯坦等科学家已经多次表达了他们对这一课题复杂性质的看法。众所周知,科学家采用了不同的方法来阐明这个课题的各种本质和一些不断发展的应用。同时,需要意识到,科学的基础不会改变,科学将成为任何应用的核心。因此,无论人们以何种形式讨论量子通信的概念,都无法避免提及量子纠缠。为了进行量子通信,两个用户直接共享处于所谓纠缠态的粒子对,这表明他们的量子属性是相连的。某种类比可以使这个概念更加清晰。将常见光子对想象成一对味道相配的太妃糖。按随机顺序排列这些太妃糖对,拼写出一些秘密短语,如柠檬、樱桃、葡萄、橙子,加密这些短语用于随后的数据传输,然后在发送方和接收方之间成功共享这些秘密短语。由于"检测"太妃糖味道的唯一方法是吃太妃糖(气味可能是另一种选择,但不一定是最可靠的),任何被黑客"检测"到(被咬了一口)的太妃糖,都不可避免地在关键阶段被抛弃,因此黑客无法窃听(咬一口)。[3]

目前,科学家正在大量研究量子通信及其相关的各个方面。有些问题涉及如何放大量子信号,存储大量量子数据,以及在量子网络中允许两个以上的节点存在。研究人员已经找到了应对这些挑战的答案,并认为量子网络和量子互联网可能是未来真正能够彻底解决这类问题的方案。在这些领域也已经开展了一些工作,并且已经取得了一些令人鼓舞的成果。

如前几章所述,讨论量子通信时,有必要强调量子纠缠的概念。简单地说,量子纠缠是指两个相邻的粒子相互影响彼此的基本性质,如自旋、偏振、动量等。分离这些粒子并且它们之间的距离显著增大时,影响的过程仍然是连续的。利用这一原理,研究人员利用纠缠光子在两个节点之间传递信息。其中,发送方持有一半纠缠光子,接收方持有另一半纠缠光子。通过操控光子使通信成为可能,相应光子即时变化。[4]尽管目前量子通信的应用仍然有限,但它已经成功地应用于量子密钥分发。

量子通信的概念由来已久,人们已经认识到,尽管人们一直在收集、复制和

---

① https://qt.eu/discover/applications-of-qt/quantum-communication/,2020年7月2日访问。

分发信息,但在量子世界中,物理定律对复制有着严格的限制。实际上,不可能对未知状态进行完美复制。科学家威廉·伍特斯(William Wootters)、沃伊切赫·祖雷克(Wojciech Zurek)和丹尼斯·迪克斯(Dennis Dieks)首次提出了"不可克隆定理"的概念,并于1982年延伸了这一概念。这一理论意味着无法精确复制光子等粒子携带的量子信息。这表明,如果信息以某种方式为量子信息传输,则黑客窃听的可能性仍然较小。从本质上说,这个定理是量子力学的结果,阻止了创建一个任意未知量子态的相同副本。①

　　量子通信是研究双方或多方之间量子态传输的领域。密码学领域是量子通信最著名的应用领域。量子密钥分发是最为人所知的密码学技术。为了帮助信息传输,量子网络非常重要。对于各种量子计算和量子通信结构运行,量子网络是必需的。这种网络有助于在物理上分离的量子处理器(量子计算机)之间以量子比特(量子位)的形式传输信息。随着量子计算的开始,人们意识到,通过量子计算,个人可以破解大多数众所周知的密码。这表明,仅仅解决数据安全的计算这个难题不足以保证数据传输的安全性,尚需开展更多的工作。除了量子密钥分发,还有一些应用可以确保数据安全。这类应用包括:由量子计算机处理的量子态的转移,利用量子隐形传态等技术传输信息,还有一种被称为量子掷币的陈旧技术。对于安全的量子通信,一些重要的技术如下。

　　(1)离散变量系统:目前已知的大多数实验台和可用的商用设备均使用离散变量(DV)方法进行量子密钥分发。基本思想是,因为众所周知,在量子力学系统中,任何测量都会干扰系统,因此,如果有人试图从通道窃取数据,可以利用这个特性来理解。BB84是离散变量量子密钥分发(DV - QKD)的一个例子,其中有限数量的极化基站用于对位进行编码。BB84协议已经在第4章中讨论过。

　　(2)连续变量系统:离散变量量子密钥分发系统存在一些问题,它们需要特殊的设备来工作,比如单光子探测器和单光子源。此外,为了有效地产生、检测和操控单个光子,还需要低温制冷装置。所有这些都涉及一些技术生产和成本相关的问题。因此,出现了一种量子密钥分发的替代方法,这种方法称为连续变量(CV)方法。这种连续变量量子密钥分发(CV - QKD)系统可以重复使用经典光通信系统开发的设备,并且这些设备已经很容易在市场上买到。为此,诸如正 - 本征 - 负(PIN)光电二极管之类的器件正在被使用,这些设备已知可降低系统复杂性和成本。连续变量量子密钥分发是指一系列协议,分为两个宏子类,即离

---

① https://www.quantiki.org/wiki/no - cloning - theorem and https://courses.cs.washington.edu/courses/cse599d/06wi/lecturenotes4.pdf and https://arxiv.org/abs/quant - ph/0205076,2020年8月10日访问。

散调制和高斯调制。

理论上,各种量子密钥分发协议都是无条件安全的。然而,实际情况略有不同。实际上,要使系统无条件地安全,必须满足几个假设。目前的量子密钥分发系统主要是在点对点光纤链路上设计的,由于各种原因造成了大量的能量浪费,并且存在与带宽相关的问题,对安全性造成了负面影响。目前,在不影响质量的情况下,在同一光纤基础设施上实现量子和经典光通道的共存似乎很困难。

值得注意的是,量子通信也有一些局限性。如上所述,"不可克隆定理"指出了量子态不可复制。此外,解耦也是一个问题,因为由于与周围环境的相互作用,纠缠的粒子变得不纠缠。量子通信过程中,电缆中的材料可以吸收光子,这限制了其运行距离,意味着这些光子只能传播几千米,使得远距离通信变得困难。所有这些都需要一种能够放大信号以克服光子吸收过程的机制。为了解决这个问题,一些设备已经投入使用,这项工作需要更多的实验和测试。

由于涉及的高成本和解决方案的可集成性,各种设备的开发在量子密钥分发的工业化过程中起到了关键作用。目前,用于量子密钥分发的许多设备仍然相当庞大。这就是为什么研究人员仍然正在寻求光子集成的路径,特别是使用与互补金属氧化物半导体(CMOS)兼容的硅光子学,以在适合大规模制造且易于与现有电信设备集成的平台中提供增强的功能,并使之小型化。描述量子密钥分发系统的关键器件是光子源和探测器。它们有助于发送和接收量子态。而量子随机数发生器(QRNG)有助于实现纯随机码流。当然,要克服距离限制,就需要有一个适当的过程。这些过程代表了一个基本的里程碑,可以将量子密钥分发提升到一个更高的水平,实现任意远程通信。[5]

对于量子密钥分发网络,在不同点上很少创建可信节点。在这些中继站,量子密钥被解密成位,然后在新的量子状态下被重新加密,以便它们到达下一个节点。然而,这里的可信节点不能真正被信任。一个试图破坏节点安全的黑客可以复制未被发现的位,从而获得一个密钥。这就相当于完全破坏了安全。量子密钥分发的另一个挑战是,底层的数据需要不断地以加密位的形式在传统网络中传输。显然,一个侵入网络防御系统的黑客可以在未被发现的情况下复制这些位,然后使用功能强大的计算机尝试破解加密密钥。因此,需要量子中继器或带有量子处理器的中继站,以使加密密钥在远距离放大和发送时保持量子形式[2]。对中继器的研究仍在继续,尚未出现任何理想的选择。

为了使远距离通信成为可能,研究人员通常会在发送方和接收方之间设置一个或多个中继器。这样做的目的是存储与发送者光子纠缠的光子,以及与接收者光子纠缠的光子。通过纠缠交换,发送方和接收方的光子可以在更远距离纠缠。[4]

目前，量子中继器已经成为高速、远距离量子通信的关键设备。众所周知，由纠缠源、量子蒸馏方案和存储器组成的量子中继器，当散布在信道上时，可以规避任何指数律功耗折中关系。已经为基于离散变量的单光子量子通信设计了各种中继器选项。连续变量编码提供了一个有吸引力的替代方案。其优点是，与离散变量传输系统相比，连续变量传输系统更容易与现有的光通信系统集成。与离散变量态相比，连续变量量子态可以容纳更多的量子信息。它们是通过使用相干激光器和非线性光学器件产生的。此处不需要单光子探测器。与离散变量状态相比，连续变量量子态更容易与传统电子通信集成。然而，用于连续变量量子通信的中继器一直是一个难以捉摸的问题，目前正进行这一领域的一些研究。[6]因此，未来的量子互联网的前景很大程度上取决于实践中量子中继器的实现。

然而，由于有噪声纠缠态的存在，量子中继器也存在一定的局限性。[7]量子中继器协议也存在一定局限性。众所周知，这种装置可以进行纠缠蒸馏和量子隐形传态。

科学史上有大量示例，其中一些科学幻想已经成为现实。在量子物理学领域，越来越明显的是，像量子隐形传态这种虚构的想法即将成为现实。由于人们担心，即使是牢不可破的加密算法也可能遭到破解，甚至量子中继器也无法确保量子密钥分发网络的安全，因此很多想法都搁置了。所以，需要一种量子隐形传态的替代方法。

隐形传态广义上是指一个单位/物质瞬间穿越空间和距离的传输。这一过程也被解释为物质通过空间的假想传输，通过将其转化为能量，然后在终点重新转化以实现传输。以科幻小说为基础的电视节目《星际迷航》涉及人类从一个地点到另一个遥远地点的瞬间旅行，是这一概念最著名的例子。在可预见的未来，这种人类的远程传输预计仍将继续作为科幻小说的内容存在。然而，在量子力学的亚原子世界里，隐形传态是可以想象的。在这里，隐形传态传输的是信息，而不是物质。

量子隐形传态是阿尔伯特·爱因斯坦著名的"鬼魅般的超距作用"的一种表现，即量子纠缠。量子隐形传态涉及两个遥远的纠缠粒子，其中第三个粒子的状态会立即"隐形传态"到两个纠缠粒子。这是量子计算中传递信息的重要手段。单个量子比特同时占据多个态的能力，使量子计算机具有丰富的潜力。在过去的几十年里，关于量子隐形传态所能提供的机会和选择的理论可能性一直在争论中。[8]到了2020年，一些想法已经成熟。科学家们已经能够证明量子隐形传态可以使用电磁光子创造远程纠缠的量子比特对。来自单个电子的量子比特在半导体中传输信息也很有前景，这是因为它们很容易相互作用，半导体中的单个电子量子比特具有可扩展性。创造一对纠缠的电子量子比特,传输很远的距离,这是隐形传态的基本要求。[9]然而,这是一项具有挑战性的任务。目前正逐步开展研究。

2019年底,物理学家第一次能够论证两个计算机芯片之间的量子隐形传态。这意味着信息在芯片之间的传递不是通过物理电子连接,而是通过量子纠缠。一组科学家已经能够在实验室演示两个芯片之间的高质量纠缠链接,这两个芯片上的光子共享一个量子态。[10]目前,科学家正试图了解量子纠缠到底是如何工作的,以及如何使整个过程变得更简单。根据目前的研究水平,需要大量庞大、昂贵的科学设备来实现这些想法。

除了噪声,量子中继器的另一个困难是它们不能处理较大的通信量。此外,它们不能存储足够的信息,因此,这个方案不被认为是大规模量子网络的可行方案。科学家正在努力,必要时,通过创建已经纠缠的光子提高量子中继器的效率。其中的一项正在研究的技术,就是全光量子隐形传态。

由于所需光学工具的强大功能和相关光通信技术的成熟,光学领域的隐形传态具有很大的发展前景。目前所使用方案的一个缺点是经典信息的电光操控。在这种情况下,发送方首先检测入射光场,然后以电子方式发送信息,接收方通过电光调制对传态进行重构。这严重限制了可以成功传送的信息的带宽。经典信息的全光操控有望拓宽其潜在的应用领域,[11]因此,采用现有技术的全光隐形传态系统是当今量子通信的核心。

据观察,量子现象是围绕着光纠缠态的非局域性质建立的,从实际应用的角度来看,光的纠缠态应该根据需要编码光子对。然而,在按钮量子隐形传态方案中确定量子光源的开发,是一个重大的开放性挑战。

一组科学家已经证明,量子点是一种半导体,被电激发时会发射特定频率的光,通过量子干涉产生一对纠缠的光子。利用这项技术,量子中继器可以随时提供纠缠光子处理所需的尽可能多的数据。研究表明,按需型固态量子发射器是在实际量子网络中实现确定性量子隐形传态的最有希望的候选方案之一。[12]

由于量子中继器不能存储足够的信息,因此它们不是大型量子网络的可行性选择。量子中继器需要存储纠缠光子的脆弱的量子态。很多年来,这都没有实现,但是现在科学家正在努力开发一种方法,以更容易地存储纠缠光子。具有按需读出功能的单光子源被认为是分布式光子网络的关键使能技术。这种光子源在低温固态和冷原子系统中都得到了验证。然而,实际的远距离量子通信可能受益于技术上相对简单的系统,如室温原子蒸气。科学家已经证实,使用一个装有铯蒸气和激光的玻璃罐可以相对容易地在室温下储存和输出纠缠光子。这提高了纠缠光子的寿命。[8]

由于大多数实施方式和协议仅限于通信双方,因此降低了量子密钥分发的实际适用性。这是因为,研究人员很难创造和操控两个以上的纠缠粒子。目前,研究人员正在努力应对这一挑战。一个研究小组已经建立了一个完全连通的量子网络架构,其中单个的纠缠光子源将量子态分配给许多用户,同时最小化每个用户所需的资源。此外,这样做不会牺牲与两方通信方案相关的安全性或功能性。这个网络架构不需要调整纠缠源以添加用户,并且网络可以容易地扩展到大量用户,而不需要信任纠缠源的提供者。早期的多用户网络基于有源光开关,因此受到一定的占空比限制。但是,新的研究表明,这种实现可以是完全被动的,因此具有实现前所未有的量子通信速度的潜力。[13]

如上所述,虽然使用量子中继器可以实现远距离纠缠分发,但仍然存在各种技术限制。在不损害量子通信安全性的前提下,克服量子通信距离相关问题的一个选择是——投资基于卫星的量子密钥分发。为此,与其他通信方法相比,低轨道卫星(LEO)用于向地面站发送加密信息,大大增加了通信双方之间距离。这类技术已经取得了一些显而易见的突破,成熟的此类实践可能会彻底改变我们共享敏感数据的方式,在网络安全威胁日益严重时,用于保护人们的信息。[14]

最后简单总结一下,目前,量子科学技术已经发展到一定程度,维持在较低的能力水平,量子通信通过网络中远程节点之间量子信息的传输和交换来实现。然而,在量子网络创新(PQNI)方面,新的平台开发很少。一些新的测试平台可以加速量子通信系统融入现实生活。科学家还正在开发新的结构,通过采用各种创新技术和编码/解码手段,增加通信容量,并实现安全的量子通信。预计现有的军事通信模式不会被量子通信直接取代。然而,随着时间推移,军事专用的量子交换网络有望建成,这将给现有的军事通信带来各种各样的变化。

参考文献

[1] Gisin N,Thew R T(2020)Quantum Communication Technology. https://arxiv.org/abs/1007.4128. Accessed 15 Apr 2020

[2] Gilesarchive M(2019)Explainer:what is quantum communication? February 14,2019. https://www.technologyreview.com/2019/02/14/103409/what–is–quantum–communications/. Accessed 15 July 2020

[3] Yiu Y(2018)Is China the leader in quantum communications?", Jan 19,2018. https://www.insidescience.org/news/china–leader–quantum–communications. Accessed 30 July 2020

[4] Simonsen S(2018)Quantum communication just took a great leap forward,December 26,2018. https://singularityhub.com/2018/12/26/quantum–communication–just–took–a–great–leap–forward/. Accessed 15 July 2020

[5] Cavaliere F, et al (2020) Secure quantum communication technologies and systems: from labs to markets. https://www.mdpi.com/2624-960X/2/1/7. Accessed 27 Sept 2020

[6] Seshadreesan K P, Krovi H, Guha S (2020) Continuous-variable quantum repeater based on quantum scissors and mode multiplexing. https://journals.aps.org/prresearch/pdf/10.1103/PhysRevResearch.2.013310. Accessed 27 Sept 2020

[7] Bauml S, et al (2015) Limitations on quantum key repeaters, 23 April 2015. https://www.nature.com/articles/ncomms7908.pdf?origin=ppub. Accessed 30 Sept 2020

[8] Zeilinger A (2010) Dance of the photons. Farrar Straus and Giroux, New York

[9] Valich L (2020) Is teleportation possible? yes, in the quantum world, June 19, 2020. https://phys.org/news/2020-06-teleportation-quantum-world.html. Accessed 29 Sept 2020

[10] Nield D (2019) Physicists just achieved the first-ever quantum teleportation between computer chips, 31 December 2019. https://www.sciencealert.com/scientists-manage-quantum-teleportation-between-computer-chips-for-the-first-time. Accessed 29 Sept 2020

[11] Ralph T C (1998) All optical quantum teleportation, 10 December 1998, https://arxiv.org/pdf/quant-ph/9812021.pdf. Accessed 30 Aug 2020

[12] Reindl M, et al (2018) All-photonic quantum teleportation using on-demand solid-state quantum emitters, 14 December 2018. https://advances.sciencemag.org/content/4/12/eaau1255. Accessed 24 Aug 2020

[13] Wengerowsky S, et al (2018) An entanglement-based wavelength-multiplexed quantum communication network, 12 December 2018. https://www.nature.com/articles/s41586-018-0766-y. Accessed 30 Sept 2020

[14] Yin J, et al (2020) Entanglement-based secure quantum cryptography over 1,120 kilometres, 13 May 2020. https://www.nature.com/articles/s41586-020-2401-y and https://www.space.com/quantum-communication-major-leap-satellite-experiment.html. Accessed 01 Oct 2020

第6章
量子互联网

互联网是信息时代的核心。它是一个由数十亿台计算机和其他电子设备组成的全球网络。在过去的几十年里,通过通信模式的重大变化,互联网给人类生活带来了革命性的变化,同时也为社会提供了大量信息。互联网也被称为"网络的网络"。20世纪70年代,美国开发了互联网,最初是作为军事用途,以及其他特定用途的系统,由美国商务部控制。随着互联网的发展,差不多20年后,在20世纪90年代早期,这个系统向公众开放,全球范围内的普通人都能够使用互联网。1996年,根据第一次对互联网用户的调查,约有4000万人使用互联网;2013年,互联网用户超过25亿人;截至2020年7月,互联网活跃用户近45.7亿人,[①]占全球人口的59%。

通常,互联网和万维网(WWW)这两个术语几乎可以互换使用。然而,它们并不相同,在结构上也存在一些明显的差异。互联网起源于20世纪60年代末的高级研究计划局网络(ARPANET,第一条信息于1969年10月29日传输)项目。这个项目出于对苏联可能在冷战期间攻击美国电话线的担忧而启动。为麻省理工学院(MIT)和美国军方工作的科学家开发了一种计算机网络应对这一挑战,ARPANET应运而生,目的是通过电缆在两台计算机之间共享信息。而蒂姆·伯纳斯(Tim Berners)爵士在1989年提出了万维网的概念,并提出了融合各种信息技术的想法。从广义上说,互联网本质上是一个基于硬件的系统,而万维网更多的是关于软件方面的。

万维网的发展经历了不同的阶段。第一阶段,Web1.0,是关于连接信息和上网的。Web2.0是关于将"我"置于用户界面中,将"我们"置于社会参与网络中的人们的。当前正在进行的名为Web3.0的阶段,是关于表达意义、连接知识,并使它们以这样一种方式工作:使互联网中的人类体验相关性更强、用途更

---

① https://www.statista.com/statistics/617136/digital-population-worldwide/,2020年10月9日访问。

多,也更加有趣。[1] 50 多年来,科学界一直在致力于打造"更好的互联网"。他们的努力取得了巨大成功,多年来,互联网在速度、传输质量和数据共享性质等方面取得了显著进步。所有这些进展大多是渐进式的,主要与技术不断地升级换代有关,其中最重要的是确保提高传输速度。然而,自 20 世纪末以来,人们对互联网的认识发生了巨大的变化,研究人员致力于量子互联网,并取得了一些令人鼓舞的成果。

传统的互联网是以位为 0 和 1 的方式发送数字信息。此类信息可以从一台计算机发送到另一台计算机。而量子互联网使用量子比特。从技术上讲,量子比特的测量离不开干扰,这是量子互联网在安全方面的最大优势。与数据传输的速度、性质和容量、通信媒介等有关的问题,对于互联网而言具有其自身的重要性。除此之外,数据安全是互联网最重要的方面之一,量子互联网有望成为这方面的终极解决方案。系统安全性是最重要的方面,因为现在的互联网面临黑客攻击(虽然困难,但并非不可能)和不安全的通信链接的问题。此外,还存在数据操控的可能性。

由于量子互联网尚未成为现实,因此不同的科学团体从不同的角度对这一主题进行了研究和争论。一种方法是借鉴经典互联网理论并在此基础上发展。这种方法的基本思想是,根据我们已经掌握的知识,开始后续研究。经典互联网提供了一个开始的起点,可以采取一步一步的程序,通过量子技术,进行深化研究。而另一种方法是提出一个论点,这种论点认为,由于与经典形式互联网的共同点较少,因此实现量子互联网的整个过程必须是独一无二的。

概括地说,量子互联网[2]。将允许量子设备,在一个利用量子力学的各种各样、奇奇怪怪的定律的环境中交换一些信息。从理论上讲,这将赋予量子互联网非凡的能力,而这些能力是现有 Web 应用程序无法实现的。

如前所述,量子世界中,数据可以以量子比特的状态编码,量子比特可以在量子计算机或量子处理器等量子设备中创建。量子互联网将涉及在物理上分离的多个量子设备网络,来传输这类量子比特。这有点像标准的互联网。但是通过量子通道有效发送量子比特,意味着利用粒子在最小尺度上的行为,即"量子态"。可以预见,不能用量子比特发送我们熟悉的数据,比如说发送电子邮件和其他类似信息。但量子比特的奇怪特点,有望为其他更为小众的应用开辟各种新机会。

对于量子研究人员来说,确保安全是关键因素。经典通信的大多数数据是通过向发送方和接收方分发一个共享密钥,使用这个公共密钥加密保护信息的。然后,接收器可以用它们的密钥在终端解码数据。有专门为此目的编写的算法以确保安全性,但是确实存在一定的可能性(至少在理论上)——黑客能够利用其中的漏洞。

预计量子互联网将会成为量子生态系统的平台,在这个生态系统中,计算机、网络和传感器以一种本质上独特的方式交换信息,传感、通信和计算将作为一个整体协同工作。未来,预计量子互联网不可能取代目前使用的经典互联网。但是,它很可能成为经典互联网的补充,或者作为现有互联网的一个不同分支。量子互联网有望成为另外一种平台,帮助当前的互联网变得更加安全,并保护其免受黑客和网络犯罪分子的攻击。尤其在网络安全领域,人们的期望要比对传统互联网高得多,因为众所周知,量子网络使用光子粒子发送不易受到网络攻击的信息。在这里,不是使用数学复杂性来加密信息,而是依赖量子物理学。[3]

如前几章所述,使用量子手段的安全概念是网络安全领域最具争议的核心,称为量子密钥分发。

在一定程度上,量子密钥分发技术①可以看作一种制造技术。同时需要注意的是,一些量子密钥分发设备现在甚至已经商用,主要适用于金融行业。量子密钥分发被称为"量子网络中唾手可得的果实",在这个领域,已经取得了重大的技术进步。用量子比特创建密钥——0 和 1 的随机字符串,然后可以编码经典信息——一种称为量子密钥分发的应用程序。[4]广义上,从技术角度看,通过光纤电缆,以单向方式将量子比特发送到接收器,目前还存在一些问题。光纤光缆导致量子比特的散射和损耗。因此,只能在数百千米的距离内发送信号。但是,还有另一种解决方案,这种方案是量子互联网的基础:利用量子的另一种特性——被称为纠缠——在两个设备之间进行通信。广义上,纠缠可以将一些信息从一个量子比特传送到其纠缠的另一半,而不需要在传送过程中用物理信道连接两个量子比特。然而,仍然需要先创建纠缠,然后再维护。此时存在与光纤有关的问题,因为电缆在大约 60mi(1mi(英里)≈1609m)后无法再保持纠缠状态,而量子中继器有助于增加光纤电缆中的通信距离。为了战胜这一挑战,人们讨论和试验了一种方案,那就是通过卫星保持量子比特在远距离纠缠。然而,目前的技术发展水平表明,外层空间量子器件是一个昂贵的选择。

理解量子互联网概念的最简单方法是通过量子隐形传态的概念。两个想要交流的人共享一对纠缠在一起的量子粒子。然后,通过一系列操作,发送方可以将任何量子信息提供给接收方(不过,这个过程完成的速度不能超过光速,这是一个常见的误解)。全世界成对的人之间共享纠缠,这种集合在一起的状况,基

---

① 《保密下的量子安全》,瑞士,ID Quantique SA,2020 年 5 月,https://marketing.idquantique.com/acton/ attachment/11868/f‐020d/1/‐/‐/‐/‐/Understanding% 20Quantum% 20Cryptography_White% 20Paper.pdf,2020 年 10 月 20 日访问。

本上构成了量子互联网。

研究界目前面临的挑战是：真正"在物理意义上"建造一个量子互联网。近几年来，在这方面已经取得了重要的理论研究成果，而且在技术发展方面的一些实验也取得了令人鼓舞的成果。因此作为第二步，研究人员正在努力构建实际的系统。在经典世界中，信息经过编码和保存；在此之后，信息不会衰减。但在量子世界中，当信息被编码后，衰变就开始了。另一个困难是，由于与量子信息相对应的能量数量非常少，因此很难阻止它与外界相互作用。目前，在一些情况下，量子系统只能在非常低的温度下工作，因此，可能的选择是，将所有空气抽出，使量子系统在真空中工作。为了实现量子互联网的功能，主要的挑战之一是构建硬件。实际上，此时的问题是，究竟应该构建什么形式的硬件？所有这些都表明，量子互联网在不久的将来不会成为现实。

据预计，一旦量子互联网成为全球现实，那么它的速度将快得惊人，以至于可以使得远程时钟比当今最好的原子钟精确1000倍。这种技术将使GPS导航比现在更加精确（精度将从米改进到毫米），并以详细的方式绘制地球引力场，科学家可以发现引力波的涟漪。此外，这种系统的存在将使在地球上遥远的可见光望远镜之间传送光子成为可能，并将它们连接成一个巨大的虚拟天文台。因此，可以使用相距很远的天文台，以建造超锐望远镜。有可能在全球范围将超级强大的量子计算机联网，共同工作，创造出难以置信的复杂模拟。这可以使研究人员更好地了解分子和蛋白质的特性。所有这些都可能有助于开发和测试新药物。人们期望，随着解决长期存在的现实之谜，可以收集到更精确的有关宇宙实际运行的知识。事实上，可能还会出现关于量子力学本身如何为未来解决问题的更清晰的信息。[3]

量子互联网的拥护者认为，量子互联网可以打开经典通信无法实现的整个应用领域。通过使用纠缠将遥远的原子钟组合成一个时钟，整个科学将融为一体，威力大增。在天文学中，量子网络可能能够连接相距数千千米的光学望远镜，从而有效地提高观测的分辨率，将这数千千米距离的分辨率改善为一个盘子大小。这种技术称为甚长基线干涉测量，目前已有效用于射电天文学。然而，在光学频率下工作需要极高的计时精度，现有知识无法实现。但是，量子互联网可以在这方面提供解决方案。科学家还针对量子互联网的应用提出了其他一些有趣的提议，如拍卖、选举、合同谈判和快速交易——这些提议利用了量子现象比经典应用更快或更安全的特性。与此同时，也有少数研究警告说，现在说量子互联网能够做什么应用还为时过早。[5]事实上，这种谨慎不仅限于量子互联网，也适用于在量子技术背景下、有争论的、其他方面的大量应用。

量子网络提供了跨越一系列技术前沿的机遇和挑战，包括量子计算和量子通信。由多个节点和通道组成的量子网络的实现需要其他科学知识,即量子相干和量子纠缠的产生和表征。这项工作的基础是量子互联,以可逆的方式将量子态从一个物理系统转换到另一个物理系统。通过单光子与原子的光学相互作用,可以在网络中获得量子链路的联通性。这将允许纠缠在网络中的分发和量子态在节点之间的隐形传态。这些年来,量子网络的发展取得了一些进展,但仍处于襁褓时期,无论是短距离还是长距离,都需要稳健且可扩展的复杂网络协议的实现。量子存储器、局域量子处理、量子中继器和纠错隐形传态的实现都是人们追求的目标。尽管如此,针对这些目标,全世界范围内仍有相当多的行动。[6]

经典互联网已经对社会产生了革命性的影响。因此,进一步扩大它的实力,对于人类来说是一个重大利益。量子互联网的最终形式预计将由先进的量子计算机组成,这些计算机可以交换基本上任意数量的量子比特。此外,量子互联网的愿景是通过实现地球上两点之间的量子通信,从根本上增强互联网技术。科学界一直在一步步努力,使量子互联网成为现实。有一些经过充分研究的建议,阐释了发展成熟的量子互联网可能经历的阶段。[7]人们已经意识到,有必要使可能的量子中继器和终端相对独立。此外,试图开发全面的全球量子互联网还需要从区域级别的模型开始,比如通过使用能够实现更大协议集的更强大的终端,以覆盖泛欧洲的距离。同时需要开发量子软件。广义上,量子互联网发展的功能驱动阶段如下。

(1)可信中继器(节点)网络:基础设施和工程开发。方法应该是,开始建立现有的量子密钥分发协议。

(2)准备和测量网络:这一阶段将首先提供端到端量子功能。

(3)纠缠分发网络:这一阶段将以确定的方式或预测的方式构建端到端的量子纠缠,并可以进行相关的量子即时检测。

(4)量子存储网络:在量子通信或经典通信期间,这个阶段实现了需要临时存储量子时的更复杂的协议。

(5)单量子比特容错网络:期望本地操作可以容错地执行。这是一个非常具有挑战性的方面。

(6)量子计算网络:最后一个阶段由量子计算机组成,量子计算机可以任意交换量子通信。毋庸置疑,这个阶段将获得解决计算问题的新能力。而在经典计算机上,不可能找到这样的解决方案。

在量子互联网领域已经开展了一些重点研究方向,但是量子互联网(主要是远程)实验还处于初级阶段。要实现量子互联网的终极梦想,可能需要更多的时间。这个系统确切的军事用途还没有完全形成概念。对于像美国这样拥有全球军事足迹,并且以在不同大陆进行飞行战争而闻名的国家来说,这种系统可能会非常有用。美国的军队在世界各地不同的冲突地区作战,需要在不同的冲突地区建立一个量子计算机网络。量子计算机能够发挥多么巨大的作用,最终将取决于军队的想象力,只有军队富有想象力,才能找到这种系统充分的效用,提高他们的作战能力。

参考文献

[1] Naik U,Shivalingaiah D(2008)Comparative study of Web 1.0,Web 2.0 and Web 3.0. In:6th International CALIBER – 2008, University of Allahabad, Allahabad, February 28 – 29 and March 1, 2008. http://ir.inflibnet.ac.in:8080/ir/bitstream/1944/1285/1/54.pdf. Accessed 09 Oct 2020

[2] Leprince – Ringuet D(2020)What is the quantum internet? Everything you need to know about the weird future of quantum networks,September 3,2020. https://www.zdnet.com/artical/what – is – the – quantum – internet – everything – you – need – to – know – about – the – weird – future – of – quantum – networks/. Accessed 30 Sept 2020

[3] Kiger P J(2020)We're getting closer to the quantum internet,but what is it? Mar 30,2020. https://electronics.howstuffworks.com/future – tech/quantum – internet.htm. Accessed 30 Sept 2020

[4] Ananthaswamy A(2019)The quantum internet is emerging,one experiment at a time,June 19,2019. https://www.scientificamerican.com/article/the – quantum – internet – is – emerging – one – [experiment – at – a – time/. Accessed 12 Sept 2022

[5] Castelvecchi D(2018)The entangled web. Nature 554:289 – 292

[6] Kimble H J(2008)The quantum internet,18 June 2008. https://www.nature.com/articles/ nature 07127. Accessed 30 Sept 2020

[7] Wehner S,Elkouss D,Hanson R(2018)Quantum internet:a vision for the road ahead. Science 362(6412)

第三篇

我想我可以有把握地说,没有人真正理解量子力学。

—— 理查德·费曼

第7章

全球投资

技术一直是现代企业成功的驱动力。从生产、到广告、到贸易、再到安全,各种形式的技术总是与各种各样的商业行为密不可分。随着任意一个新技术的出现,各行各业和生产企业都会尝试采用该技术(不论是什么可行的技术)来提高其机器性能。在企业中引入新技术需要提升技能,以履行广泛的相关业务职能。众所周知,技术在各个行业中都发挥着主导作用——从提高效率到增加利润。多年以来,人们观察到,除了提升业务技能,很多时候,新技术本身也成为商务活动的一种新商品。一些技术还有能力带来技术颠覆,产生的最终结果就是,以新技术取代了现有技术。同样,不仅在商务领域,各种新技术还正在发展成为社会、外交和国防部门的重要工具。在投资新技术之前,国家和私营企业在其规划中也考虑到了这些因素以及其他各种各样的可能性。

整体而言,技术在历史上演变的方式分为4个阶段,这些阶段使我们享有现今的各种各样舒适的享受,也带来了各式各样的创新,但它们也改变了民族国家的观念,重新定义了确保国家主权的方法。发明蒸汽机这个创新可以被视为第一次工业革命(1780—1840年)的开始;第二次工业革命(1840—1900年)始于铁路和钢铁工业的出现,它彻底改变了旅行的概念,创造了更快的部队行动以及武装调动,也为技术领域的进一步创新打下了基础;第三次革命(1900—1950年)产生了电动机、重型化学品、汽车和耐用消费品;第四次工业革命(称为工业4.0)可以归因于20世纪50年代后直到2000年左右的发展,伴随着石油工业和信息技术的主导地位不断增强。然而,对技术革命的第四个阶段存在不同的看法,一种观点认为第三阶段一直持续到2000年。目前,人们普遍认为,世界正在经历工业革命的第四阶段。

在工业4.0时代,信息物理(机器交互通信)和生物系统影响着工业价值链的控制。工业4.0是关于一系列工业过程的重要改进——从研发(R&D)、创新到制造和维护过程,再到整个商务活动。总的来说,这个新时代的能力都涉及智能机器和智能工厂。采用现代控制系统,依赖大数据输入,并受益于物联网(IoT)和区块链等技术。在某些情况下,各种与行业相关的决策甚至由人工智能驱动的系统做出。基于人工智能的系统越来越成熟,将允许非专家在危急情况下做出快速有效的决策。大多数现代设备都具备允许人类与机器互动的功能,这通常被称为人机界面。这里提到的一些技术正在进入现有的工业系统,并处于不同的发展阶段。预计工业4.0进程的进一步成熟在不久的将来彻底改变工业运作,并带来新的制造方式和价值创造方式。[1]

工业4.0的特点是陆陆续续出现的各种技术,包括人工智能、大数据、第五代电信网络(5G)、纳米技术和生物技术、机器人、物联网、3D打印和量子计算等领域。主要研究发生于智能材料领域。所有这些领域的进步都可能改变未来经济和军事力量的平衡,促使政府和大型企业在开发和应用方面展开激烈竞争。①

根据《工业4.0市场研究报告》(《工业4.0市场研究报告》是印度"价值市场研究"发行的研究报告。——译者注)的预测,这一工业阶段将带来快速增长的市场,到2030年初可能达到1万亿美元。这一阶段可能会为优化生产流程提供前所未有的机会。新兴的工程流程将能够在最后一刻改变生产和交付计划。各行业应该具备灵活应对中断和故障的能力,正如供应商和客户具备的这种能力。此外,新技术还有望为制造过程提供端到端的透明度,并促进优化决策过程。还将会出现全球网络,以信息物理系统的形式整合他们的机械、仓储系统和生产设施。在现代制造环境中,各种信息物理系统将由智能机器、存储系统和生产设施组成,能够自主交换信息、触发动作并相互独立控制。所有这些都将为优化整体生产和制造流程提供前所未有的机会。

正在进行的工业4.0带来了工业实践性质的重大转变,这是世界几十年来没有经历过的。毫无疑问,新冠肺炎(Covid-19)大流行将对全球增长模式产生巨大影响,但在未来几十年中,由于工业4.0,工业的面貌预计将发生重大变化。过去,工业3.0见证了各行各业工作实践中发生的巨大的、概念上的飞跃,其中计算机和自动化的到来统治了商业场景。这是一场自动化革命,它开始引入机器人,作为一种新型工业劳动力。尽管这一阶段给工业实践带来了一系列的变化,但与工业2.0相比,其变化仍然只是速度提高。但是,工业4.0的故事是不同的。这是一个信息物理系统(CPS)统治的时代;这里的数据被认为是"新型石油"。机器已经开始思考,制造过程正被新技术所主导。智能工业和智能工厂正在迅速成为新的规范。所有这些以及其他各种技术颠覆正在改变行业的古老

---

① https://industry40marketresearch.com/product/industry-4-0-market-technologies/,2020年11月4日访问。

观念。总而言之,代表工业 3.0 的自动化系统阶段正在迅速向代表工业 4.0 的自主系统时代转变。

工业 3.0 与最好的生产方法之一——计算机数控机器(CNC)的使用——密切相关。数控铣削技术从 20 世纪 50 年代开始就已经存在。50 多年来,计算机数控技术被用于生产大量大型、重型、精密制造的产品。此类产品适用于商业和工业设备、机器和发动机。通常,计算机数控机床采用各种各样的材料来生产各种商品。①

3D 打印技术(增材制造)领域正展示着非常令人鼓舞的成果,它很可能会颠覆现有的制造和生产实践。3D 打印的主要优势在于摆脱了陈旧的块体制造系统。这项技术有望给使用基于数控技术的工业体系结构的现有实践带来巨大的颠覆。同时,这项技术可以确保基于需求和基于订单的生产。

20 世纪发生的大多数技术发展都与电子和信息技术有着直接或间接的联系。自从大约 60 年前集成电路发明以来,计算机芯片制造商每年都持续不断地将更多的晶体管封装在硅片上,以提高芯片性能。1965 年,英特尔公司(美国著名的信息技术公司)的创始人之一戈登·摩尔(Gordon Moore)观察到,晶体管的数量每 24 个月就会翻一番,而且这种状况将来还会持续。② 摩尔的这种概念便是著名的"摩尔定律"。在摩尔定律公布后的 40 年到 50 多年里,芯片工业成功地实现了这一预测,1960 年的第一个集成电路大约有 10 个晶体管,而当代最复杂的硅芯片大约有 100 亿个晶体管。

多年以来,芯片工业通过引入光刻技术成功地避开了物理障碍。此后,使用极紫外辐射的方法被发明。但是,整个过程变得越来越昂贵。晶圆厂的成本以每年 13% 的速度增长,预计到 2022 年将达到 160 亿美元或更多。人们意识到,总有一天,在硅芯片上可以堆积什么(以及堆积多少)是有物理限制的,即使使用纳米技术也避免不了这种物理限制。目前,只有少数公司(主要有 3 家)继续从事最先进的芯片制造。到目前为止,摩尔定律已经不再适用。与其说摩尔定律突然死亡,不如说是摩尔定律的作用逐渐下降。[2] 尽管如此,英特尔公司还没有准备好在短期内为摩尔定律举行葬礼,他们对最先进芯片制造的研究仍在继续,因为对更高计算能力的需求仍然存在。

不仅在经典领域,在量子领域,计算能力也在持续增长。谷歌工程总监、量

---

① https://buntyllc.com/settling-the-debate-cnc-machining-vs-3d-printing/,2020 年 10 月 30 日访问。
② https://medium.com/@sgblank/the-end-of-more-the-death-of-moores-law-5ddcfd8439dd,2020 年 10 月 30 日访问。

子人工智能实验室的创始人兼经理哈特穆特·内文（Hartmut Neven）在2019年5月的谷歌量子春季研讨会上提到，相对于经典计算机，量子计算机正在以"双指数"的速度获得计算能力。他根据多年的工作和观察提出了自己的观点，即量子计算机正在以双指数速度获得计算能力。他的发现被公认为"内文定律"。他认为，量子计算机超越经典计算机的双指数速度是两个指数因素相互结合的结果。第一个因素是量子计算机比经典计算机有内在的指数优势：例如，如果一个量子电路有4个量子比特，那么它需要一个具有16个普通比特的经典电路来实现等效的计算能力。第二个因素是因为量子处理器的快速改进。①

内文定律的未来仍未可知。如今，世界正处于"量子计算霸权竞赛"之中，这可能会带来超越数字超级计算机性能的、颠覆性的计算能力。量子计算技术有潜力改变商业、情报、军事和战略力量平衡方面长期存在的态势。目前，量子物理学家正与企业科技巨头合作，开发基于量子的技术，作为第二个信息时代的基础。② 人们认识到，由于经济和技术挑战，各国单独进行研究不符合任何机构（国家机构或其他类型的机构）的长期利益。因此，一些国家机构正在与行业巨头以及量子产业初创公司进行合作。

自新冠肺炎疫情暴发以来，世界上许多国家都受到了这一流行病的影响。在整个2020年，这种疾病对全球经济产生了巨大影响。各行业的生产、需求、供应链周期已经完全乱了套。经过一年的持续努力，少数机构已经成功开发出一种有效的冠状病毒疫苗。然而，这种病毒在世界上的一些地方被发现正在减弱。所有这些都表明，只有到2022—2023年，世界各地的局势才能恢复正常。主要由于新冠肺炎危机造成的失业正在成为全球关注的一个焦点，这给未来带来了很多不安全感。显然，所有这些也对世界各地的量子技术发展和研究进程产生了影响。幸运的是，目前还没有听到正在进行的量子科学的项目被取消的消息。然而，由于对人员流动和财政预算的若干限制，预计各种项目的时间表可能难以实现。对这项技术进步的任何未来的评估，事实很重要，限制也很重要。本书中讨论的各国和机构的投资大多基于新冠肺炎疫情之前的数据。由于新冠肺炎疫情，预计对各国家和私人机构进行的规划可能会产生一些初步影响，但是，在一段时间内，这项工作预计将按照设想进行，由于新冠肺炎疫情，可能会推迟一两年。

---

① https://www.quantamagazine.org/does-nevens-law-describe-quantum-computings-rise-20190618/，2020年10月31日访问。

② https://industry40marketresearch.com/product/quantum-computing-market-technologies/，2020年10月2日访问。

重要的是要认识到,量子技术是一种具有自身独特性质的技术,不应仅被视为一种会颠覆现有通信和计算技术的技术。例如,量子计算不会完全取代经典的计算。实际上,预计会出现混合框架,即两种计算框架并存的局面。科学家正致力于开发量子信息和通信技术(ICT)网络,这可能会带来一场重大的技术革命。但是,量子技术要成为商业现实还需要时间。在新冠肺炎阶段开始之前,出现过一些市场预测。此后,很少再有关于这项技术可能的未来之旅的详细评估。需要理解的是,所有这些预测的出现都是基于调查机构做出的某些基本假设的。

量子技术市场被认为是大幅改善传感和仪器的重要推动因素。例如,重力传感器可以通过量子传感变得更加精确。量子电磁传感提供了探测电磁场微小差异的能力。这预示着广泛应用的可能性,如在医疗保健领域和其他领域,量子电磁传感有助于提高提供重要器官成像的能力。量子传感还可以帮助交通行业提高安全性,尤其是自动驾驶汽车。量子图像处理可用于显著改善成像过程的显微术、模式识别和分割,这将具有更广泛的商业适用性。同样,量子传感和量子成像也可能有助于各种公共安全的相关应用,如搜索和救援。量子模拟和建模可以带来各种应用商业利益,如改进计算系统的设计、新材料的开发及智能城市生态系统等大型相互依赖系统的预测分析。①

有一种观点认为,随着量子领域的研发取得进展,同时在物联网、大数据分析、人工智能、区块链、云计算和边缘计算或移动边缘计算领域也将产生更多的发展。量子技术有望提供大量数据,所有这些技术都将有助于数据的创建和管理。预计提供市场机会的关键驱动因素之一将是未来的 6G 技术市场解决方案。6G 有望为各种新的应用、服务和解决方案提供潜力。预计在传感、成像和定位领域会取得重大进展。更高的频率将允许更快的采样速率以及显著优越的精度,可低至厘米级。亚毫米波的分组(如小于 1mm 的波长)和使用频率选择性来确定相对电磁吸收率,将可能导致无线传感解决方案的显著进步。根据一份量子技术市场报告(2019 年 8 月发布),以下是对未来的预测。②

(1)到 2024 年,全球量子技术市场总额将达到近 180 亿美元。

(2)到 2024 年,量子计算将引领市场份额最高的市场。

(3)量子通信市场将在 2019—2024 年以最高的复合年增长率(CAGR)增长。

(4)北美将成为最大的量子技术区域市场。

---

① https://mindcommerce.com/reports/quantum-technology-market/,2020 年 11 月 5 日访问。
② https://www.quantaneo.com/Quantum-Technology-Markets-2024-Global-Market-will-Reach-Nearly-18-Billion_a142.html,2020 年 11 月 5 日访问。

第四次工业革命是关于数字、物理和生物系统的变革。量子技术可以被视为发动这场革命的重要驱动力之一。量子技术被视为工业4.0时代的重大颠覆性技术之一。上述背景有助于广泛定位量子技术在当代的重要性。

众所周知,全球约有52家量子技术公司作为私人投资者进行了大量投资(2012—2020年期间)。此外,一些学者正在对初创企业进行投资。2017—2018年,投资金额约为1.04亿美元。对从2012年开始的7~8年全球量子技术专利的分析表明,中国在量子通信领域占据主导地位,而北美在量子计算领域处于领先地位。日本、加拿大、韩国、英国和澳大利亚等国也有一些行动,他们的投资重点也有自己的科学和商业考量。此外,还有一些国家,如新加坡、瑞士、印度、奥地利等,对研究这类技术也很感兴趣。所有这些都表明,各国都意识到了这项技术的潜力,非常希望确保自己在这项研究中不会落后。一些主要的科技巨头也在进行大量的投资,包括研究方面,以及在这个领域建立一些样机。[3] IBM、谷歌、阿里巴巴、惠普、腾讯、百度和华为等机构都与量子科技相关的多个研发项目有关联。本章随后的讨论是关于少数国家和私人机构试图通过金融和技术投资,以推进这场量子革命的。

1. 国家层面

1)美国

2020年10月,美国宣布了其关键和新兴技术国家战略(National Strategy for Critical and Emerging Technologies, C&ET)。① 美国长期以来在创新和技术进步方面引领世界,他们的想象力不仅在美国,而且在世界其他地区也推动了工业的发展,创造了就业机会,并提高了生活质量。美国政府把于2020年10月的宣言视为一份"声明",强调了他们及其盟友如何建议,使其继续保持C&ET的世界领先地位。美国政府已经确定了两个关键支柱来推进其C&ET政策。第一,确保未来的"技术优势"仍然属于美国;第二,筹建国家安全创新基地(NISB)。为了确保技术优势,美国强调需要继续确保美国技术不被窃取,并通过遵循正确的法律、专利和版权的相关实践,以保护其知识产权(IP)。为了筹建NSIB,人们已经认识到,在与科学、技术、工程和数学(STEM)教育相关的各个领域进行持续投资是必要的。此外,还强调需要发展新的研发和创新结构,进行重大资本投资,并确保提供先进的技术劳动力。

C&ET清单将20个技术领域确定为优先领域。重点包括材料、农业技术、能源技术、医疗和公共卫生技术和生物技术在内的通用技术,还包括先进的计

---

① 《美国关键和新兴技术国家战略》,https://www.whitehouse.gov/wp-content/uploads/2020/10/National-Strategy-for-CET.pdf,2020年10月28日访问。

算、通信、网络和数据科学的相关技术。此外,C&ET 清单还特别关注量子信息科学。这表明美国渴望继续在这个主题上开展工作,将其作为未来的关键优先领域。

美国正在对量子信息科学(QIS)进行大量投资,该科学汇集了数学、计算机科学、工程和物理科学的元素。长期以来,美国机构一直坚信,QIS 有潜力提供远远超出当今最先进技术可能提供的能力。人们认识到,QIS 不仅涉及量子计算,还涉及其他主要应用领域,包括传感和计量、通信、计算和模拟。或许,美国政府从 20 世纪 90 年代中期就开始对这一研究领域表现出了兴趣。大约在 1995 年,美国国家标准和技术研究所和国防部(DoD)举行了第一次关于 QIS 工作站的研讨会。从 2008 财政年度预算开始,政府就编制预算来开展这一主题的研究。随后,到 2015 年,QIS 成为《网络和信息技术研究与开发计划(第 13702 号总统行政命令)》的组成部分。2019 年 8 月 30 日,特朗普总统根据于 2018 年底签署成为法律的《国家量子倡议法案》,成立了国家量子倡议咨询委员会(第 13885 号总统行政令)。①

该法案的目的是确保美国在量子信息科学及其技术应用方面的持续领导地位。在该法案的支持下,这些机构已经开始制定联邦计划,以加速量子研究和开发。该计划的重点预计有两个方面:帮助经济发展和协助国家安全。此类政策决策的主要重点是确保美国继续保持全球技术领先地位。此外,其目的是建立一个国家量子协调办公室(National Quantum Coordination Office),以监督机构间的协调工作,提供战略规划支持,作为利益攸关方的中心联络点,开展外联,并促进私营部门的联邦研究的商业化。[4] 美国期望这份政策文件的目的是多方面的,其基本思想是帮助建立一种结构,这个结构可以帮助开展研究,设计资助机制,建立传播量子科学教育的结构,并评估国际战略合作的机会。

2020 年 8 月 26 日,特朗普政府宣布了一项重大计划,旨在加强人工智能、量子信息科学(QIS)、5G 通信和其他一些关键新兴技术领域的研发。计划声称,将拨出超过 10 亿美元的预算,用于在全国范围内建立 12 个新的人工智能和量子信息科学研发机构。这些研究中心未来将发展成为这些关键产业的国家研发中心,促进创新,支持区域经济增长,并培训下一代劳动力。QIS 研究中心 5 年内将批准 6.25 亿美元的资金,将有阿贡(Argonne)、布鲁克海文(Brookhaven)、费米(Fermi)、橡树岭(OakRidge)和劳伦斯伯克利国家实验室(Lawrence Berkeley National Laboratories)5 个中心领导这一计划。每个中心都将有一个联合多

---

① https://www.congress.gov/115/bills/hr6227/BILLS-115hr6227enr.pdf,2020 年 8 月 30 日访问; https://fas.org/sgp/crs/misc/R45409.pdf,2020 年 11 月 6 日访问。

个机构及科学和工程学科的合作研究团队。预计私营部门和学术界将为这些中心再提供3亿美元的捐款。这项工作的重点将是量子信息科学的关键研究课题,包括量子网络、传感、计算和材料制造。① 除了加速研究和创新,预计所有这些计划还将创造就业机会。

美国在量子技术领域的投资既有以国家为主的,也有来自私营部门的。特别地,由于大多数重要的信息技术公司都设在美国,因此私人投资规模很大,主要来自美国的科技巨头和主要的国防公司。众所周知,这些机构对量子技术的各种商业应用有着基本的兴趣。重点是从量子计算到所需算法和软件的开发,到量子传感器,再到导航和计时单元等多个领域。

美国商务部的国家标准与技术研究所(NIST)的任务是通过推进测量科学、标准和技术,以增强经济安全和提高生活质量的方式来促进美国的创新和工业竞争力。他们在量子科学领域开展基础和应用研究,通过开发更精确的测量工具和技术,来满足行业日益增长的挑战性要求,从而推动基础计量学领域的发展,这是其核心使命的一部分。目前,该机构被公认为国家计量机构的全球领导者,也是世界领先的量子研究和工程中心之一。他们在量子科学方面的工作重点是计量学、量子通信和量子计算。

NIST在量子科学方面的专业知识主要集中在使用光和物质的量子化状态及其作为量子信息比特的操纵和相互作用,以制造超精密传感器和测量工具。这项应用属于一个更广泛的研究领域,被称为"量子信息科学"。

他们开发的原子钟被称为NIST-F2钟,至少在3亿年内误差不会超过1秒。他们还在开发一种全新的原子钟设计——三维量子气体原子钟。在大约2h内,它的精度达到$3.5/10^{19}$,是有史以来第一个达到10^{-19}级别阈值的原子钟,并确确实实地开创了一个基于受控量子系统的、在多个领域大幅提升的测量和技术的时代。精确计时的这种突破在导航和计时方面有着重要的现实应用,并将极大地改善全球定位系统(GPS)设备的功能。今天,当我们使用全球定位系统设备,将我们的位置精确到全球几乎任何地方的1m以内时,包含在全球定位系统卫星中的商用原子钟提供了我们认为理所当然的计时精度。使用原子钟作为量子传感器能够探测到在巨大的引力势中几乎察觉不到的时间变慢,这可能有助于科学家探测引力波,或者发现隐藏的石油储量和矿藏。这项技术甚至有可能在灾难性事件发生前几天甚至几周进行预测。

NIST还在量子电压基准(有助于重新定义度量系统)、量子算法和后量子密

---

① https://www.whitehouse.gov/articles/trump-administration-investing-1-billion-research-institutes-advance-industries-future/,2020年9月4日访问。

码领域开展工作。[5] 从商业量子计算的角度来看,几年前 NIST 已经在相距 100km 距离的光子间传输信息,实现了量子隐形传态。预计量子隐形传态的进展对最终的商业量子计算和其他形式的量子信息传输至关重要。①

或许,美国最大的优势在于其由学术界、私营部门和联邦政府构成的完善的创新生态系统。像谷歌这样的主要信息技术巨头已经声称他们实现了"量子优势"。他们的量子计算机锡卡莫尔(Sycamore)已经证明,通过处理经典计算机无法解决的算法,锡卡莫尔可以执行经典计算机没有能力解决的任务。虽然是谷歌成功实现了量子优势,但需要强调的是,这之所以成为可能,应归功于国家标准与技术研究所、美国航空航天局(NASA)、美国国防部,以及其他多个联邦机构等美国政府机构,还包括多项计划所进行的基础工作。[6] 值得赞赏的是,他们迅速超越了传统的信息技术行业思维定式,投资于尚未取得实际成功的,并且无法保证其经济可行性的技术。

2) 中国

作为冉冉崛起的科技巨人,中国在全球是领先的创新者。中国在四大类创新中取得了进展,即制造业、数字平台、利用技术(主要是应用程序)解决社会问题,以及在计算和生物技术等领域的基础科学研发。[1]

中国的科学发展历史悠久。众所周知,在 1975 年初的第四届全国人民代表大会第一次会议期间,在中国开始了一场关于确定投资科学和技术的必要性的严肃辩论。[7] 很久以后,他们的未来技术计划在 1986 年被揭晓,中国高科技研发项目被称为"863 计划"。1997 年 6 月 4 日,国家科教指导小组意识到基础研究将带来重大突破,最终将有助于提高技术水平,决定制定《国家重点基础研究和发展计划》,并组织实施国家重点基础研究发展计划("973 计划")。② 中国将量子通信列入"十三五"(2016—2020 年)规划。中国科学界在量子科技方面努力直追,并取得了一系列重大创新成果。③ 所有这些都不是孤立发生的,中国量子计划的发展也具有一定的国际影响力。可能从 2010 年开始中国就进行了投资,以确保中国量子科学的发展。中国的政治和科技领导层预计,到 2030 年,中国将成为全球科技的主要参与者。对量子技术的投资需要被视为这一议程的体现。

---

① 基于《美国在量子技术方面的领导力》的对 NIST 的讨论,2017 年 10 月 24 日发表,https://www.nist.gov/speech-testimony/american-leadership-quantum-technology,2020 年 10 月 23 日访问。

② http://en.most.gov.cn/eng/programmes1/200610/t20061009_36223.htm,2020 年 11 月 12 日访问。

③ 《中国推进量子科技,早期蓝图应对技术封锁》,2020 年 10 月 18 日发表,https://www.globaltimes.cn/content/1203855.shtml#:~:text=China%20launched%20the%20Quantum%20Experiments,in%20developing%20quan--tum%20communication%20technology,2021 年 2 月 8 日访问。

推动中国投资量子信息科学研发的三个基本因素[8]:

(1)信息安全:将量子加密和通信用于信息安全是中国增加该领域投资的主要驱动力。随着中国政府越来越担心其信息通信技术系统中的潜在间谍活动,投资于量子加密等优势技术的需求变得更加迫切。这对中国至关重要,因为他们意识到,随着中国社会变得更加信息化和互联化,可能会更容易遭到外国对手的间谍活动、破坏和影响。

(2)经济竞争:显而易见,美国在信息技术领域占据主导地位,可能不会追求量子信息科学带来任何实质性的优势。人们意识到,每个机构都必须在量子领域重新开始。这被视为一个机会,可以让中国与美国并驾齐驱,并将其置于一个独特的战略位置,以垄断这个技术市场。中国可能会受益于率先进入市场的优势,如果加上其制造业和人力资本基础,将使其在量子信息解决方案和下一次信息革命中取得并保持全球领先地位。

(3)战略军事竞争:量子计算在大数据分析、人工智能、复杂系统仿真和先进机器人领域有非常现实的军事应用。量子技术在军事或政府通信中的广泛应用,将阻碍对手进行监视和信号截取的能力,因为任何这样做的企图都可以被检测到。此外,将量子传感用于惯性导航、隐身探测、高分辨率天基监视和侦察及潜艇探测,对武装部队来说可能具有巨大优势。所有这些可能性都将打破美国拥有明显优势的、当前的军事范式。

中国领导层的重点是加快创新步伐,努力创建一个开放的创新体系,在这个体系中,竞争压力将鼓励中国企业不仅通过自身的研发,而且通过参与全球研发网络来实现产品和工程创新。① 中国采取了一系列举措,帮助建立重要的研究和发展基础设施。确保研究质量仍然是他们的首要任务。中国领导层认识到了投资新兴技术的必要性,并且越来越关注创新。领导层的观点是,到 2035 年,中国应该成为"全球创新领导者"。中国国家主席习近平在中国共产党第十九次全国代表大会(2017 年 10 月 18 日—24 日召开)上表达了这一点。他的言论反映了中国的核心战略雄心,不仅要赶上西方的技术发展,而且要通过聚焦于创新驱动发展的国家战略来超越西方。中国决心未来几年,在量子科学领域通过大规模的国家引导达到数百亿美元的投资,成为量子技术的世界领导者。根据 2016 年出台的"十三五"规划,中国启动了量子通信和量子计算的"大项目",旨在到 2030 年在这些技术上实现重大突破。[9]

中国已将量子通信确定为反映其国家战略意图的主要科技项目之一,并计

---

① 《中国 2030》,世界银行年会报告,2012 年发表,http://www.gci.org.uk/Documents/China-2030-complete_pdf,2020 年 11 月 12 日访问。

划在2030年前完成该项目。中国认识到,中国科技经济实力与发达国家的差距主要体现在创新能力上。① 中国热切地提升他们的创新能力,像量子技术这样的项目可以被视为这个过程中的重要一环。2004年,中国的研究实验室展示了他们使用商用光纤网络在北京和天津之间进行长距离(125km)点对点量子通信的能力。参与该项目的研究小组还在2005年演示了五光子纠缠和开放目的地隐形传态,在2006年演示了双粒子系统的量子隐形传态,甚至在2007年还发明了用于四端口量子密码网络的量子路由器。2009年5月,中国实验室在芜湖市建立了全球首个政府量子密码网络,服务于8个政府部门。[10]

科学界一直致力于自由空间量子隐形传态的实验,主要是演示量子态通过空气进行的传输,以探索它们在加密密钥交换中的潜在用途。使用卫星进行量子密钥分发的可行性在2005年得到确认。[11] 欧洲的一些实验室也进行了这方面的一些工作。[12] 随着研究的成熟,科学家已经能够将自由空间量子隐形传态从2010年的16km扩展到2012年的100km。[13] 中国最显著的成功之一是空间尺度量子实验(QUESS),这是一个耗资1亿美元的研究项目。2016年8月,空间尺度量子实验卫星群中的第一颗卫星墨子号(Micius)被置于太阳同步轨道,② 该卫星具有量子光学载荷。空间尺度量子实验是中国科学院(CAS)与维也纳大学和奥地利科学院(AAS)合作运营的中奥联合卫星任务。设计的空间尺度量子实验是一个概念验证任务,旨在推进长距离量子光学实验,以促进量子加密和量子隐形传态技术的发展。③

卫星发射后的第一个实验包括向卫星上发射一束激光到卫星上一块可以改变光的晶体上。晶体发出成对的、纠缠的光子,因此,在测量一束光时,它们的偏振态是相反的。这两对光子被分开,光子被送到相距1203km的德令哈和丽江的不同接收站。这两个站都在西藏的山区,脆弱的光子必须穿透的空气量较少。④ 2017年8月,墨子号在位于河北兴隆和新疆乌鲁木齐附近的南山的两个地面站之间用于量子密钥分发。2017年9月,中国科学院和奥地利科学院的研究人员还进行了一项联合实验。⑤ 科学家成功地在一颗低轨卫星和位于兴隆、

---

① "习近平:关于《中共中央关于制定国民经济和社会发展第十三个五年规划的建议》的说明",2015年11月3日发表,http://www.xinhuanet.com//politics/2015-11/03/c_1117029621_3.htm,2020年11月12日访问。

② 又称墨子,以公元前5世纪的中国哲学家和科学家的名字命名。

③ https://directory.eoportal.org/web/eoportal/satellite-missions/q/quess,2020年11月12日访问。

④ https://www.sciencemag.org/news/2017/06/china-s-quantum-satellite-achieves-spooky-action-record-distance,2020年11月12日访问。

⑤ 《揭秘中国远程、量子安全"不可破解"消息的细节》新华网,2018年1月20日发表,http://www.xinhuanet.com/english/2018-01/20/c_136909246.htm。

南山和格拉茨的多个地面站之间进行了诱骗态量子密钥分发,建立了每信道千赫兹级别的墨子号卫星的星地安全密钥。卫星随后在自己和兴隆(北京附近)之间建立了一个安全密钥,并在自己和格拉茨(维也纳附近)之间建立了另一个密钥。然后,应地面指挥部的要求,墨子号充当了一个可靠的中继。它在两个键之间执行按位异或运算,并将结果转发给其中一个地面站。采用这种方式,中国和欧洲在地球上相距7600km的地方创建了密钥,这种密钥可以用于洲际量子保密通信。这都是关于从中国到奥地利及从奥地利到中国的一次性垫片结构控制式寄存器(one-time pad configuration)中的图像传输。此外,奥地利科学院和中国科学院还举行了视频会议,其中还讨论了兴隆和北京之间的280km光学地面连接。[14]这可被视为构建防黑客全球量子通信网络的初步基础。

尽管这一成就是一个巨大的里程碑,但这种方法并不能抵御黑客攻击。墨子号本身就存在弱点:卫星"知道"每个位置的光子序列或密钥及用于解密的组合密钥。如果间谍以某种方式小心翼翼地窃听其活动,电话会议的完整性可能会受到损害。为了克服这个问题,团队进行了新的演示,确保了墨子号不会"知道"任何事情,诀窍就是避免使用卫星作为通信中继。相反,该团队完全依靠它来同时传输一对密钥,以使位于相距超过1120km的中国的两个地面站建立直接联系。这是第一次使用卫星演示一种被称为基于纠缠的量子密钥分发技术(2017年的测试也分发了量子密钥,但是它没有在同样程度上利用纠缠)的技术。尽管这是第一次通过卫星进行基于纠缠的量子密钥分发实验,但已经有成功的地面实验。然而,在基于地面的量子通信中,连接两个位置的光纤会吸收传输的光子,并且吸收率随着距离的增加而增加。[15]

中国还在开发基于光纤的量子通信系统方面取得了进展,这是一个补充天基卫星网络的地面网络。2017年9月29日,中国在上海和北京之间开通了一条2000km的量子通信干线,这是世界上第一条安全的量子电信干线。① 这条量子电信干线也被称为京沪干线或京沪骨干网。它连接北京、济南、合肥和上海,并通过北京的一个基站与墨子号连接。中国的一些银行能够沿着京沪干线发送"超安全"的交易指令。[16]墨子号已被集成到这一干线,创建了一个用于陆地和空间通信的集成量子网络。[17]

墨子号是一颗低轨卫星,位于500km的高度。如此低的高度限制了覆盖范围,并限制了特定位置的重访时间。因此,中国渴望发射另一颗卫星,该卫星可能定位于距地球表面约10000km处。这种卫星可能能够在相距10000km的两

---

① 《中国开通2000km量子通信线》,中国科学院,2017年10月9日,http://english.cas.cn/newsroom/news/201710/t20171009_183701.shtml。

个地面站之间进行基于纠缠的量子密钥分发。

一组中国研究人员首次成功地将量子纠缠的光粒子通过水进行传输,这可以被视为使用激光在水下发送无法拦截的信息的第一步。然而,在水中测试纠缠是一个非常困难的提议。中国上海交通大学的科学家从黄海中收集盐水,并将其放入一个3m长的容器中。它们能够在水中传输纠缠光子,而不会干扰量子链路。想象一下,实验室仅仅为3m,而一颗中国量子卫星如何在1200km的水中传输纠缠光子?现在还处于早期阶段,中国科学家认为它们可以在900m以上的水中进行通信。这看起来是一个非常雄心勃勃的想法,因为根据理论计算,在水中保守的通信极限略高于120m。①

对于谷歌声称建造了世界上第一台量子计算机,中国有自己的回答。一个中国科学家团队开发了一种世界上最好的模拟量子计算的方法。量子计算硬件的最新进展将量子计算推向了获得量子优势的边缘。他们通过使用一种强相互作用二维系统的方法,即投影纠缠对态,将多体量子物理和量子计算结合在一起,以实现一个有效的通用量子算法模拟器。这种模拟器可以用于有效地存储高度纠缠的波函数,并且很容易适用于计算期望值或模拟序贯量子测量。采用这个电路模拟器,科学家已经计算出标准随机量子电路的空间和时间复杂度分析的精确估计。科学家声称,量子计算机的计算能力已经超越了所有超级计算机,并将实现量子优势视为量子计算发展的重要里程碑。这种方法在中国的天河二号超级计算机上得到了验证。[18]

物理学教授潘建伟被誉为中国的"量子之父"。他有在欧洲工作的经历(在维也纳大学获得博士学位,并有在海德堡大学的研究经历),并以在中国科技大学的基地领导的链量子科学而闻名。中国为正在进行的量子科学研究提供了大量资金(数十亿美元)。中国的"量子之父"认为,爱德华·斯诺登(Edward Snowden)于2013年披露的西方政府的互联网监控是中国推进量子密码研究的一个原因,是中国意识到拥有更安全的通信手段的必要性。今天,无论从研究还是从商业角度,中国在量子领域都处于强势地位。[19]当各种基于量子的系统成为现实时,中国将处于主导全球量子市场的强大地位,因为中国各大学和商业机构已经申请了大量专利。

关于中美在量子技术领域的竞争有很多讨论。2015年之后,中国似乎正在积极加快本国量子研究的步伐。有迹象表明,最近一段时间,美国在科技领域的领先地位(不是所有层面,但在少数科技领域)已经被明显削弱,这主要是因为

---

① https://www.newscientist.com/article/2144866-first-underwater-entanglement-could-lead-to-unhackable-comms/,2020年11月12日访问。

中国的努力。这在量子技术领域尤为明显。中国政府正在资助数十亿美元的量子计算大型项目,预计到2030年,中国在量子领域可能会实现重大的突破。中国在量子科学方面的进步也可能使未来的战略军事平衡向有利于中国的方向倾斜。[20]审视中国在量子科学领域的发展轨迹,不仅对美国有益,也对其他对量子科学感兴趣的国家有好处。

3)英国

英国等国家也非常渴望在量子科学领域出类拔萃。他们宣布了一项愿景,即创建一个由政府、行业和学术界参与的连贯安排,以建立一个专门的量子技术社区,这可能会给他们带来技术和商业优势。他们的兴趣主要来自这样一种观点,即这些技术正在对世界上很多大型市场产生深远的影响。2013年秋季,英国政府宣布在五年内向国家量子技术计划投资2.7亿英镑,以加速将量子技术转化为市场,促进英国的商业发展,并真正改变日常生活。

2015年4月,英国创新署(Innovate UK)、工程和物理科学研究委员会(EPSRC)和国防科学和技术实验室(DSTL)成功地为引领行业的项目进行了第一轮拨款资助。此外,各个大学的量子技术博士培训中心正被用于培训下一代研究人员。英国的整个国家量子技术计划由一系列机构实施,包括EPSRC、英国创新署、英国商业、能源和工业战略部(BEIS)、国家物理实验室(NPL)、政府通信总部(GCHQ)、DSTL和知识转移网络(KTN)。① 英国研究与创新署(UKRI)与大学和公司合作,还向英国国家量子技术计划投资了4亿英镑。[21]

2016年,在该计划的中期,英国政府科学办公室发表了一份量子技术评论,探讨了英国如何从量子技术研究、发展和商业化中受益,以促进经济发展。在2018年秋季预算中,除8000万英镑的量子技术中心扩建项目外,政府还追加拨款2.35亿英镑,用于支持量子技术。英国的政策是聚焦研究的独创性和创新性,以提升他们的商业和社会利润。[22]英国在量子技术的各个方面进行了大量的研究,政府为推进国家量子技术计划提供了充分的支持。

英国的一组科学家开发了世界上第一个独立的量子"罗盘",可以在不需要卫星的情况下进行高度精确的导航。来自伦敦帝国理工学院和位于格拉斯哥的M Squared激光公司的研究人员制造了这种设备。这种量子"罗盘"是独立的,可以运输,因此可以在任何模式下使用,用于位置识别。然而,这些都是早期的

---

① https://assets.publishing.service.gov.uk/government/uploads/system/uploads/attachment_data/file/414788/Strategy_QuantumTechnology_T15-080_final.pdf and https://uknqt.epsrc.ac.uk/about/overview-of-program--me/,2020年11月14日访问。

情形,目前可用的设备非常庞大,并且第一个独立的量子加速度计①目前的尺寸如此巨大,以至于它仅适用于大型船只或飞机。这种设备也开始进行小型化设计,可以使其与智能手机兼容,但预计样机的生产尚需一些时间。然而,使用加速度计导航的想法并不新颖,多年以来,加速度计一直不如全球定位系统精确。量子加速度计可能就是这个问题的解决方案。② 更重要的是,卫星导航容易受到欺骗攻击或信号阻塞,而这在量子技术引入后是不可能的。此外,这种非全球定位系统的方法成本效益要高得多。总体而言,人们对这种罗盘技术寄予厚望,认为它是卫星导航技术的一种可行的、更精确的替代技术。

有趣的是,英国正在开展各种合作项目,私人机构、大学和公共企业正在携手合作。大约在 2020 年,英国的 14 个组织聚集在一起,在由弗劳恩霍夫应用光子学中心(CAP)领导的项目中进行合作,该中心位于格拉斯哥的斯特拉斯克莱德大学。这些科学家正致力于利用原子和亚原子粒子的特性,来提高激光组件和系统的可靠性,同时降低它们的尺寸、重量、功耗和成本。这个耗资 1000 万英镑项目的目标是开发拇指盖大小的量子器件,并将其应用于日常生活。③

量子原子商业化被称为信息时代的下一波浪潮,总部位于英国的一家名为 ColdQuanta 的公司在量子原子商业化方面处于领先地位,该公司已被政府聘请承担少数项目,政府提供的财政支持约为 280 万英镑。该公司已被选中提供冷原子量子技术。这个想法是为了推动量子陀螺仪的发展,也是为了开发能够使量子传感器持续运行的技术。另一个重要的方面是致力于改进激光与量子原子系统的集成。④ 总的来说,这种方法是为了实现复杂的量子传感,并努力确保一系列量子系统的商业可行性。

2020 年 11 月,英国的 5 所量子计算公司、3 所大学和 1 个国家物理实验室共同参与了一个 1000 万英镑的新项目。他们的任务是确保量子技术的现有知识(具有商业可行性)转化为企业可用的技术。这个项目被命名为"发现",其中部分资金由英国政府资助。

苏格兰的 M Squared 是一家光子学和量子技术公司,⑤该公司正在与 8 个合

---

① 加速度计是一种测量运动或振动物体加速度的仪器。
② 世界上第一个使用原子而不是卫星导航的量子"指南针"可能会使卫星导航过时,2018 年 11 月 9 日发表,https://www.independent.co.uk/life-style/gadgets-and-tech/news/quantum-compass-atoms-satellite-navigation-gps-m-squared-imperial-college-london-a8625556.html,2020 年 11 月 14 日访问。
③ https://www.sloughobserver.co.uk/news/national-news/18729549.scots-physicists-lead-10m-project-taking-quantum-technology-to-another-level/,2020 年 11 月 15 日访问。
④ https://www.sloughobserver.co.uk/news/national-news/18729549.scots-physicists-lead-10m-project-taking-quantum-technology-to-another-level/,2020 年 11 月 10 日访问。
⑤ https://www.m2lasers.com/quantum.html。

作组织一起协调,以"发现"具有前景的项目,这8个组织都是量子科学相关技术领域的领导者。这个多学科联盟包含了多种行业模式,包括牛津离子学、最优互惠避碰撞策略(ORCA)计算、开尔文纳米技术和质量调谐阻尼器(TMD)技术。他们将与格拉斯哥大学、斯特拉斯克莱德大学、牛津大学及国家物理实验室(NPL)密切合作。为了使量子计算在商业上可行,该项目将研究光子学支持的3种方法,这3种方法提供了迄今为止已经被证实的最高保真度:中性原子、离子阱和光学量子比特。该项目还有望为这些技术的工业部署建立商业硬件供应和路线图。①

英国还与加拿大合作,雄心勃勃地启动了具有商业意义的重大项目。2017年,这两个国家签署了双边协议,通过学术和商业合作分享量子专业知识。对于这个项目,他们将联合提供一项资助,其中英国承担200万英镑,加拿大承担440万加元。为了分配这笔资助,英国研究和创新署(UKRI)与加拿大自然科学和工程研究理事会(NSERC)联合举办了一场英国–加拿大量子技术竞赛。2020年11月,他们宣布了本次比赛的8名获胜者。筛选出的所有这些项目,都是商业上英国领先,学术上加拿大领先。确定的一些项目包括:用于卫星基网络的参考系无关的量子通信(ReFQ),一种改进卫星上量子发射器的集成和校准的新方法和协议,使用量子技术保护商业和国家通信网络。开发的一些技术旨在搭载加拿大的量子加密和科学卫星(QEYSSat)。②

4)加拿大[23]

加拿大在基础科学方面有很强的背景,该国已经拥有最先进的科学基础设施。凭借这一强大的背景,该国正在进行大量投资,以推进他们在量子科学方面的研究,并建立一个充满活力的量子生态系统。

加拿大的研究非常系统。首先,他们开始培养大量的量子科学专家。最初的研究重点是基础研究。随着时间的推移,现在是量子2.0时代,重点是工程量子系统。

2018年,滑铁卢大学的加拿大教授唐娜·斯特里克兰(Donna Strickland)与法国教授热拉尔·穆鲁(Gérard Mourou)一起被授予诺贝尔物理学奖,因为他们开创了啁啾脉冲放大技术,能够产生超短强激光脉冲,这对在超快自然时间尺度

---

① https://www.insidequantumtechnology.com/news/uk-discovery-project-launches-with-10-million-to-make-quantum-technologies-work-for-business-focus-will-be-photonic-quantum-computing/。
② 《英国和加拿大合作推出世界首个量子技术计划》,2020年11月6日发表,https://www.newswire.ca/news-releases/uk-and-canada-collaborate-to-launch-world-first-programme-of-quantum-technologies-896283559.html,2020年11月16日访问。

上探测量子现象至关重要。这种技术现在被常规用于大量的量子光子应用场景中。

此外，蒙特利尔大学的加拿大教授吉尔斯·布拉萨德（Gilles Brassard）也做出了重要贡献，他的贡献涉及量子信息科学的广泛领域。在20世纪80年代，他和美国研究员查尔斯·贝内特（Charles Bennett）一起发明了BB84协议，这是一种量子密钥分发方案，至今仍用于量子密码。这一学科现在是量子技术中最活跃的学科之一，有望在加密和安全应用方面产生巨大的颠覆性。

加拿大高级研究所（CIFAR）将能够解决该领域最基本问题的理论家和实验学家[①]汇集起来，该研究所有两个专门的量子科学项目：一个在量子信息科学领域；另一个在量子材料领域。从加拿大航天局到一些专门的初创公司，各种机构都在研究量子技术的不同方面。

2020年6月1日，IBM宣布在舍布鲁克大学的量子研究所（IQ）建立了一个新的IBM量子中心。这是加拿大第一家IBM量子中心，也是全球14家IBM量子中心之一。这个新的中心将提供对IBM资源的访问，并通过吸引公司加入和采用新技术，以及加速商业化的道路，帮助扩大本地量子技术网络。其目的是形成一个健康的量子生态系统，继续带来新的机会。

通过量子谷投资，一群科学家正专注于量子信息科学突破性技术的商业化。他们热衷于开发加拿大滑铁卢地区的"量子谷"。[②] 量子谷投资基金为在量子信息科学领域取得创新进展的研究人员提供商业化资金、专业知识和支持，这些创新实际上可以带来新的可商业化技术和应用。多伦多大学的量子信息和量子控制中心也非常活跃。国际上最引人瞩目的角色是创新颠覆实验室（CDL），该实验室已经开发了一种量子数据流，它的使命是加速学术界和企业界之间的成果转化，并被认为有助于降低新型量子公司的风险。

目前，投资量子技术相关活动的公司很多，有的是大公司，有的是初创公司。他们从国家实施的各种项目中获得了大量援助。根据一些主要基于资金、出版物和专利来开展的评估，加拿大在量子相关创新方面大概排名世界第五。美国和中国等全球领导层正在大幅增加对量子技术的支持，特别强调在电信和网络安全领域的实际应用。或许，加拿大也认识到这些国家取得的进展，渴望确保它不会在这一领域落后。然而，有一种观点认为，加拿大可能在量子领域重拳出击。为了持续他们的卓越表现，他们需要工业、学术界和政府的大力支持。[③]

---

① https://www.cifar.ca/research/program/quantum-information-science，2020年11月17日访问。
② https://quantumvalleyinvestments.com/，2020年11月16日访问。
③ https://medium.com/@TechTO/quantum-in-canada-68f0829d803e，2020年11月17日访问。

5）奥地利

众所周知，奥地利正在构思关于量子科学和技术的某些重要项目。这个国家有一个极具竞争力的研究团体。作为其现有科学和技术举措的一个分支，奥地利政府设立了一个量子科学计划。奥地利的"埃尔温·薛定谔量子科学与技术中心"（ESQ）包括 26 个主要位于维也纳和因斯布鲁克的研究小组（18 个欧洲研究理事会，ERC 赠款 + 19 个国家同等机构）。另一个研究这一课题的重要机构是维也纳量子科学和技术中心（VCQ），这是由维也纳大学、维也纳工业大学、奥地利科学院和奥地利科学技术研究所联合发起的。该中心将维也纳研究机构的量子物理学家聚集在一个合作中心。VCQ 参与了量子科学的研究和教学。该中心采取了各种举措，这些举措与第二次量子革命阶段正在进行的开发保持一致。VCQ 将基础量子物理学家的专业知识和新的量子技术相结合，新的量子技术即应用真正的量子效应的技术或实现这种应用的技术。VCQ 涉及的主题，从量子力学基础，到复杂的量子光学和多体效应，以及这些主题在新兴量子技术中的应用。所有机构都从国家和各种其他欧洲来源获得了合适数量的资金，大多数项目都获得了为期 5 年（2016—2021 年）的资助承诺。他们每年获得大约 900 万英镑的研究资金。

该计划具有以下战略目标[①]：

(1) 进一步加强奥地利研究人员和公司在欧洲和国际倡议中的合作。

(2) 促进量子相关科技技术和（研发）基础设施的发展。

(3) 支持将研发成果转化为价值和示范者。

另一家持有量子技术股份的机构是奥地利理工学院（AIT），由奥地利共和国（通过联邦运输、创新和技术部，持股 50.46%）和奥地利工业联合会（持股 49.54%）共同拥有。AIT 的数字安全和安保部内部有一个名为光量子技术的部门，该部门开发量子密钥分发系统，旨在发掘商业潜力。该研究所还参与了国家层面以及欧洲（ETSI）层面的量子技术标准化倡议。AIT 正在研究的一个重要项目是量子和光子技术。[②]

AIT 还开展了基于量子密码学的安全通信项目（SECOQC）。该项目是欧洲各国心血的结晶，包括奥地利在内的多个欧洲国家都参与了该项目，该项目旨在为网络体系中的远程高安全性通信提供基础，该网络体系将量子密钥分发的全

[①]《奥地利量子技术（QT）》，Initiativeec. europa. eu and https://vcq.quantum.at/about/，2020 年 11 月 16 日访问。

[②] https://www.ait.ac.at/en/about-the-ait/center/center-for-digital-safety-security/，2020 年 11 月 17 日访问。

新技术与经典计算机科学、网络设计和密码学的解决方案相结合。该项目于2008年10月在维也纳启动。①

另一个支持量子科学研究的奥地利机构是奥地利科学基金（FWF）。早在21世纪初，他们就开始支持量子研究项目。大约在2003年，接受FWF资助的格拉茨理工大学的科学家在量子物理学上取得了重要里程碑级别的进展。众所周知，如果满足某些条件，光线会穿过不透明材料。通过确定另一个这样的条件的存在，奥地利的科学家利用光来控制革命性的新光学元件，这个发现创造了更多的可能性。他们用实验证明了一种以前只能通过理论计算才可获悉的效应。②

量子研究和技术（QFTE）机构、FWF与奥地利科研促进署（FFG）一起设立了一个被称为量子研究和技术的机构，作为一个便利的通道，用于提交研究提案，目的是使量子研究成果更接近实际应用，并加强其技术利用。他们已经批准了5个研究项目，2个来自FWF，3个来自FFG。每个项目的研究经费约为30万欧元。2020年3月，该机构呼吁研究机构提交更多项目。

一些选定的项目包括开发两个基本构件之间的接口，这两个构件可能构成未来的量子网络：囚禁（因此是静止的）离子和（移动的）光子。该项目预计将测试一个集成了光纤腔和表面离子阱的小型化系统。这种系统可以实现离子和光子之间的量子力学纠缠和量子力学状态的转移。另一个想法是，通过使用光子对光源，即使在日光条件下，也能改善地面物体的距离测量。为此，研究小组预计将开发一种集成光学元件的测量装置的样机，该装置将包括光源和光纤。③

总的来讲，对于欧洲联盟（欧盟）而言，量子领域的科学研发一直是其智能、可持续和包容性增长模式的重要优先事项。最近，地平线2020（Horizon 2020）是欧盟最大的研究和创新项目，在7年时间里（2014—2020年）提供了近800亿欧元的资金。根据这一计划，他们一直在积极支持各种量子技术相关项目。欧盟为各种量子技术相关项目提供了合适数量的资金。④ 在这个领域，英国、奥地利和荷兰等国家充分利用了欧盟的政策。

---

① https://www.ifm.eng.cam.ac.uk/uploads/Research/CSTI/Old_reports/International_QT_Research_Innovation_Report_March2015.pdf and http://news.bbc.co.uk/2/hi/science/nature/7661311.stm，2020年11月18日访问。

② https://www.fwf.ac.at/en/research-in-practice/project-presentations-archive/2003/graz-team-sheds-new-light-on-dark-states-another-austrian-breakthrough-in-quantum-physics，2020年11月17日访问。

③ https://www.fwf.ac.at/en/news-and-media-relations/news/detail/nid/1585814400-2506，2020年11月17日访问。

④ https://ec.europa.eu/digital-single-market/en/projects-quantum-technology，2020年11月17日访问。

欧盟对面向应用的研究的核心关注似乎主要集中在量子计算、通信和计量领域。目前还不清楚英国退出欧盟后，在量子项目投资方面的形势将如何变化，以及英国在欧盟援助下早先开展的项目的未来会如何发展。总体而言，预计欧盟将在2020—2030年的10年间继续推进其量子议程。2020年7月，德国政府宣布追加20亿欧元投资量子领域，以补充欧盟到2028年的10亿欧元投资计划。在资金方面，德国是欧洲最大的量子计算的倡导者。2020年7月，德国政府宣布，该国新冠肺炎康复基金中的20亿欧元将用于量子技术研究，目标是在2021年前建造一台实验型量子计算机。这项联邦资金是在2018年决定在2022年之前拨款6.5亿欧元的基础上追加的。甚至像芬兰这样的小国在2020年5月也宣布，他们的国家技术研究中心VTT计划投资2000万欧元至2500万欧元，以获得该国第一台5量子比特的量子计算机，作为提高研究能力、促进量子技术在不同领域发展和应用的基础。法国正努力确保他们不会落后于正在进行的"量子竞赛"，并宣布成立一个特别工作组来实施一项国家量子计划。① 从新冠肺炎的经验来看，量子研究和资助的一些重点可能会转移到医疗仪器和制药应用等其他方面。

6）日本

2019年，一份题为"日本的量子信息科学与技术"的报告出版，该报告追溯了日本在1985—2020年对量子科学与技术的投资历程。它基本上概述了日本在过去30多年中所取得的进展的方方面面。[24]

推进日本量子议程的主要供资机构包括日本科学技术振兴机构（the Japan Science and Technology Agency）、国家信息和通信技术研究院（the National Institute of Information and Communications Technology）、日本学术振兴会（the Japan Society for the Promotion of Science）和日本政府内阁办公室（the Cabinet Office of the Government of Japan）。这些资助机构表示，自2005年以来，在量子信息科学和技术领域的投资总额约为2.5亿～2.8亿美元。对工业界也投入了几乎同样多的投资。所有这些都有助于日本建立良好的基础设施进行研究和开发。几乎没有创造新的科学前沿，一些服务原型系统，如量子密钥分发系统和相干伊辛机（coherent Ising machine），② 已经交付给用户。③ 日本还发起了新的倡议，推动量

---

① https://sciencebusiness.net/news/qubit-get-ahead-germany-racing-catch-quantum-revolution#:~:text=In%20July%20the%20German%20government,some%20significant%20ground%20to%20cover，2020年11月17日访问。

② 相干伊辛机（CIM）是一个光参量振荡器（OPO）网络。有关更多信息，请参阅文献[25]。

③ https://www.insidequantumtechnology.com/news/quantum-science-technology-japan/，2020年11月12日访问。

子信息科学和技术进入下一阶段。他们的主要重点是寻找量子技术的效用,以解决社会问题。

日本正在开发一些刺激性项目来推进他们量子领域的任务。日本文部科学省(the Ministry of Education,Culture,Sports,Science and Technology,MEXT)设计了一个项目,被称为 MEXT-量子飞跃旗舰项目(Quantum Leap Flagship Program,MEXT Q-LEAP)。这是一项为期 10 年的计划,持续时间为 2018—2027 年。

这是一项研发项目,旨在利用量子技术实现经济和社会发展水平的飞跃。为此,日本政府为以下三个技术领域[①]中的每个领域都确定了网络型研究基地,包括了旗舰项目以及每个技术领域进行的基础研究。

(1)量子信息技术(量子模拟器、量子计算机);
(2)量子计量和传感;
(3)下一代激光器。

另一个非常重要和雄心勃勃的项目是登月(MS)项目,可能投资约 150 亿~200 亿英镑。这个项目的目标是"到 2050 年实现建造容错通用量子计算机"。这项计划由文部科学省于 2020 年 1 月制定,由日本科学技术振兴机构(JST)监督实施。该项目的架构已根据"登月国际研讨会"于 2019 年 12 月 17—18 日举行的讨论最终确定。总的来说,该项目包括以下内容:

推动挑战性的研发领域:关键是实现容错通用量子计算机。这将对经济、工业和安全产生重大影响。该项目旨在支持硬件、软件、网络和相关量子技术的研发。

为实现 MS 目标设立的研究课题:重点研究量子比特/量子门基础设施等硬件、根据量子纠错理论设计的设备的软件及量子接口等网络。此外,从研究成果能否在社会中顺利实施的角度来看,将审议各领域的研究人员参与的,涉及伦理、法律和社会问题的制度。

实现目标的研发方向:预计到 2030 年,一批中等规模带噪声量子(NISQ)计算机将会被开发出来,其效能将会在实际应用中展示。该计划的一部分是建造一台 100 个量子比特的量子计算机。在此之后的 20 年内,到 2050 年,容错通用量子计算机有望得到实现。显然,到那时,量子传感器、量子通信和密码学等领域的重大突破预计也已成功。一些技术领域的进展,如通过使用量子传感器和量子计算机的量子物联网进行早期医疗诊断,通过使用量子计算机和量子密码的盲量子计算保护企业专有信息,以及通过使用量子传感器和量子通信的量子

---

① https://www.jst.go.jp/stpp/sympo/2019/q-leap.html,2020 年 11 月 19 日访问。

传感器网络对基础设施进行实时监控,诸如此类,其如何被应用将取决于社会如何发现它们的用途。①

日本工业界在量子研究领域也发挥着非常重要的作用。政府正与私营部门和研究机构合作,利用量子计算机推动金融业和制造业等领域的创新。到 2025 年,日本有可能在国内发展 6 个量子创新中心。政府对研究的关注不仅限于量子技术,还推动其他技术的研发,如生物技术、人工智能、物联网等。这些领域的一些可能的创新也可以支持量子领域的一些研究。NTT 实验室、三菱电机、日立、东芝和日本电气公司等日本市场的大型公司也都在为量子科学和技术的进步尽自己的一份力量。② 其他国际巨头,如 IBM,正在与日本机构合作。除此之外,日本大学也大量参与了此类项目。与此同时,显而易见,初创企业对量子领域的兴趣也与日俱增。

7) 印度[26]

从专门大规模规划的角度来看,印度在量子科学领域起步较晚。一段时间以来,印度的一些大学和研究机构也开展了量子科学相关的研究。2018 年,印度政府发起了一些量子技术的讨论,并决定通过量子使能科学和技术(quantum enabled science and technology,QUEST)计划,启动 51 个组织参与该研究项目。然而,此后并没有重大进展。到 2020 年,印度宣布了一项非常雄心勃勃的量子技术国家任务。预计这一任务将创建一个超级安全的通信网络,确保在在线金融交易过程中,不仅能使数字通信完全安全,而且还能防止黑客入侵。印度政府在其 2020 年预算中宣布了一项国家量子技术和应用任务(national mission on quantum technologies & applications,NM – QTA),总预算支出为 800 亿卢比,为期 5 年,由印度科学技术部(DST)实施。此外,还为国家跨学科网络物理系统任务(national mission on interdisciplinary cyber physical systems,NM – ICPS)拨款 366 亿卢比。主要确定了 4 个研究领域,即量子通信、量子模拟、量子计算及量子传感和计量。

关于量子技术和应用的国家任务的详细项目报告正在编写中。该任务将包括基础研究、产品开发和应用。虽然这项国家任务将由印度科学技术部负责,但印度空间研究组织(ISRO)随时待命,并可能在随后提供卫星进行实验,拉曼研究所(RRI)将为此提供资助。政府的首席科学顾问正在推动这项倡议。

---

① https://www8.cao.go.jp/cstp/english/moonshot/concept6_en.pdf 和 https://www8.cao.go.jp/cstp/stmain/mspaper8.pdf,2020 年 11 月 19 日访问。
② 《崛起的量子比特领域:日本的量子计算格局》,2020 年 12 月 9 日发表,https://thequantumdaily.com/2019/12/09/quantum – computing – japan – land – of – rising – qubit/,2020 年 11 月 19 日访问。

印度意识到，这些技术可能会带来重大的技术变革，这将改变整个计算、通信和加密模式。印度认为，量子应用将推动航空航天工程、数值天气预测、模拟、保障通信和金融交易安全、网络安全、先进制造、卫生、农业、教育和其他重要领域的发展。所有这些都将带来高技能工作岗位、人力资源开发、初创企业和创业精神，从而导致技术引领经济增长。由于新冠肺炎危机，发展进程可能有些放缓。

印度一家名为Wipro的重要信息技术公司正与以色列特拉维夫大学量子科学与技术中心（Israel's Tel Aviv University's Center for Quantum Science & Technology, Quan TAU）合作，进行量子计算研究。这种合作也有助于加强印度和以色列的整体科学合作。这些机构共同提议开展各种各样的开发和研究，探讨潜在的研究解决方案，并将这些解决方案应用于量子科学领域。这一合作有望为第二次量子革命做出贡献：基本量子概念将被应用于计算机、模拟、传感器、通信和材料科学。这些机构预计将在各种研究领域进行合作，包括量子理论基础、量子信息、计算方法、纳米量子系统、量子光学、物理量子器件和超导体。[27]

印度国防研究组织（India's Defence research Organisation, DRDO）有自己的培训机构，即名为先进技术国防学院（Defence Institute of Advanced Technology, DIAT）的大学。该机构位于浦那（Pune）市（有一个重要的信息技术基地），现在DRDO计划将浦那市转变为量子技术中心。该中心的主要重点将是对量子技术的安全和防御应用进行研究。① 根据DRDO感兴趣的研究领域可以看出，印度也渴望将量子技术用于国防应用。

2. 跨国机构和私营机构

很久以来，量子技术一直吸引着私营部门的兴趣，全球跨国机构对这一领域进行了大量投资。值得称赞的是，它们也在研究、开发和创新方面进行投资。尽管意识到不可能立即获得商业利益，但这些机构仍表现出了进行长期投资的兴趣。这些公司大多在电子和信息技术领域取得了巨大成就。或许，作为成功的组织机构，它们有能力进行长期投资，并愿意承担商业风险。然而，同样重要的是，一旦这些技术可以使用，这些机构就可能获得巨大的商业利益。与此同时，还必须认识到，国家正在资助一些大型私人项目，这间接给私人投资者带来了信心，因为这种支持有时会让他们建立初始基础设施，此后，这些基础设施也可以用于自己的项目。

---

① 《DIAT计划在浦那打造量子技术中心》，城市新闻，印度时报，2020年12月3日发表。

最重要的是,自 2014 年以来,工业界对量子计算领域的兴趣和资金投入越来越明显。根据 2018 年发布的一项分析,①在量子领域有影响力的主要私人机构主要包括航空航天和信息技术跨国公司,如洛克希德·马丁、微软、英特尔、谷歌和 IBM 公司。最热衷的投资者之一是 D – Wave 系统公司,是这个领域的早期参与者。经过大约 12 年的研究,这个公司已经累计申请了 60 项专利。此外,他们正在提交 100 多份申请。这家公司因在 2011 年 5 月建造了世界上第一台商用量子计算机而声誉鹊起。这台名为"D – Wave One"的机器配备了一个 128 量子比特的芯片组,只执行单项任务离散优化,成本为 1000 万美元。[28]

各种国家支持的机构和私营公司对了解其他机构在量子领域取得的新技术发展更感兴趣。此外,它们可能热衷于研究此类技术,并取得进一步的进展。像量子计算这种仍处于实验阶段的技术,其各种用途仍不够清晰,尚需详细的实验和分析。可能,这就是美国航空航天局、洛克希德·马丁公司和洛斯·阿拉莫斯国家实验室从 D – Wave 系统公司以大约 1000 万~1500 万美元的价格购买了数千量子比特量子模拟器的原因。[29]

审视致力于量子技术的机构(私营部门),大多数机构都是针对特定应用的,比如,专门从事量子计算。尽管一些主要的跨国公司正试图全方位地研究量子科学的各个方面,然而,很大程度上可以说,主要是政府机构对制订实现量子技术各个方面发展的计划表现出了更多兴趣,而私人机构的关注点有些局限于技术应用的特定方面。例如,英国在成像、传感、通信和计算领域有四个跨机构量子中心,而牛津量子电路(OQC)公司等机构则主要专注于量子计算。有一些较小的州正在率先将自己确立为量子中心。一个典型的例子是牛津郡,它是英格兰东南部的一个内陆县,对量子技术企业提供了一些特有的优惠政策。它有志于成为类似美国硅谷的"量子谷"。[30]一些参与开发量子计算机的私营机构正在循序渐进地进行开发,他们不是专注于完整地、系统地进行开发,而是致力于其中一些特定组件。专门开发量子计算硬件的公司很少,一些公司主要关注软件问题。主要的信息技术跨国公司正在提供其先进的基础设施,这些基础设施经过专门升级,可以应对研究界面临的量子挑战。这从本质上进一步说明,量子研究需要努力协作。以下是几家重要的量子技术公司,这些公司从财务和人力资源角度对技术开发投入了大量资金:

(1)埃森哲(Accenture):埃森哲实验室正在监控量子计算生态系统,并与

---

① 《量子计算》,VC 投资分析,2018 年 4 月发表,https://www.insead.edu/sites/default/files/assets/dept/centres/gpei/docs/insead – student – quantum – computing – investment – analysis – apr – 2018.pdf,2020 年 11 月 19 日访问。

加拿大温哥华的 1QBit 等龙头企业合作。这两个机构都与 Biogen 合作,开发了首个基于量子使能的分子比较应用软件,有助于加快复杂神经疾病的药物发现。

（2）阿里巴巴集团:阿里云是阿里巴巴集团旗下的云计算子公司。与中国科学院(CAS)合作并开发了阿里巴巴量子计算实验室。

（3）亚马逊公司:亚马逊公司提供了一项服务,被称为 Braket,让开发人员、研究人员和科学家能够探索、评估和实验量子计算。一旦提供服务的机构成功定义了他们自己的算法,那么亚马逊 Braket 就会建议,为其提供一个完全托管的模拟服务,以协助故障排除和验证。

（4）AT&T:该公司与加州理工学院合作,并成立了量子技术联盟(AQT)。其目的是将工业界、政府和学术界聚集在一起,加速量子技术的发展和新兴技术的实际应用。这个小组还致力于一个名为智能量子网络和技术(INQNET)的研发项目,希望通过研究未来的量子网络技术,以实现通信的容量和安全性需求。

（5）Atos Quantum:这是欧洲第一个量子计算行业计划,于 2016 年 11 月宣布启动。其目标是在两个领域成为量子参与者:量子编程和模拟仿真平台。此后,开发下一代量子驱动的超级计算机,以及确保量子使能的网络安全。

（6）百度公司:这是一家专业从事地图服务、互联网相关服务和产品、人工智能(AI)的中国跨国科技公司。百度成立了自己的量子计算研究所,致力于量子计算软件和信息技术的应用。

（7）谷歌量子人工智能实验室:谷歌人工智能量子正在通过开发量子处理器和新颖的量子算法来推进量子计算,以帮助前期开发者和开发人员解决理论和实践上的近期问题。该公司目前正致力于构建专用的量子硬件和软件。谷歌在 2019 年 10 月正式宣布,其已经实现了量子优势。

（8）IBM Quantum:为企业、开发人员、研究人员和教育工作者提供机会,利用 IBM Quantum 的基础设施来解决金融、材料、物流和化学领域的挑战性问题。其目的是让他们的合作伙伴可以使用 IBM 的量子全栈,进行联合开发。

（9）英特尔:从 20 世纪开始,该公司就从事量子计算研究。前期的理论研究和随后建立的思维实验都非常详细。该公司已经成功开发了第一个用于量子计算的功能性硬件组件,此外还在其他方面取得了一些成就。

（10）微软:该公司成立了一家名为 Azure Quantum 的机构,提供多种多样的量子服务,从预先构建的解决方案到软件和量子硬件。他们为开发人员和客户提供了市场上最具竞争力的量子产品访问权限。Azure 量子云是世界上第一个全栈式、开放性云生态系统,在量子领域有一定影响力。

选择以上公司介绍不是基于任何具体的"客观标准的评估",[31]而是基于现有文献的广泛概述,这些文献提供了这些公司的一些详细信息,包括这些公司的历史、客户、投资、合作、技术能力及其所从事研究的性质。

3. 多边组织

科技进步是国家进步的重要手段,而技术被认为是消除贫困的手段。此外,投资科学技术对于经济、战略和外交政策都至关重要。众所周知,科学、技术和创新可以支持可持续发展目标的实现。显然,科学技术是国际合作的重要组成部分。联合国和各种其他多边组织在各种技术的全球管理(和控制)方面发挥着重要作用。越来越多的人意识到,如果各国都单打独斗,那么量子技术的发展将更加步履蹒跚、旷日持久。因此,国际上都在大力推进各种合作,各种机构也并肩携手,进一步推进量子科学研究。

在量子1.0阶段,人们对开发多边的共同计划或制定一些政策指南以决定这些技术的未来并不感兴趣。但是,在量子2.0阶段,这种情况似乎正在发生改变。

欧盟(EU)正在大力发展量子科学和技术。欧洲在量子研究方面有着悠久的优秀传统。他们的一项名为"量子旗舰"的重要项目于2018年启动,这是欧盟最大、最雄心勃勃的研究计划之一。该方案的预算至少为10亿欧元,为期10年,将研究机构、学术界、工业界、企业和决策者以前所未有的规模聚集在一起,开展联合协作。在建设阶段(2018年10月至2021年9月),已为总共24个项目提供了总额为1.52亿欧元的预算。该方案的重点是4个核心应用领域,包括量子计算、量子模拟、量子通信和量子计量与传感。作为欧洲高性能计算联合企业(EuroHPC JU)的一部分,欧盟现在正计划在2023年前建造最先进的先导性量子计算机,这些计算机将充当与联合企业的超级计算机互联的加速器,形成融合量子和经典计算技术的"混合"机器。

2019年,25个欧盟成员国签署了欧洲通信基础设施(EuroQCI)声明。这是一项合作协议,受欧洲航天局的委托并得到其支持,旨在发展覆盖整个欧盟的量子通信基础设施。包括一套地基设施,利用现有光纤通信网络连接战略地点,还包括一套天基设施,旨在覆盖欧盟区域和其他大陆。

欧洲通信基础设施建议将量子技术和系统集成到传统的通信基础设施中。这将使欧洲的加密系统和关键基础设施免受网络威胁。此外,该系统将允许安全地存储和交换敏感信息,并保护政府数据免受当前和未来的威胁。使用它的第一个服务将是量子密钥分发,这是一种使用量子现象的加密技术,不像许多基于数学函数的其他加密形式那样容易受到攻击。因此,可以利用量子密钥分发实现数据和通信信息的长期安全。

目前，EuroQCI 的设计已取得进展。随后，它将成为欧洲量子互联网的基础，通过量子网络连接量子计算机、模拟器和传感器，以安全地分发信息和资源。预计 2021—2027 年期间的资金将由欧盟的数字欧洲计划（digital Europe programme）和连接欧洲基金（connecting Europe facility）提供。

2020 年 12 月，欧盟就一项名为"地平线欧洲"（horizon Europe）的雄心勃勃的计划达成了政治协议，这是一项 1000 亿欧元的研究和创新计划。该计划的目标是通过协同研究和努力创新应对全球挑战，并实现工业现代化。预计未来对量子技术的研究将在这一新的欧盟研究框架方案下进行。[①]

由 28 个国家组成的军事和政治联盟——北大西洋公约组织（NATO）——也对这些技术表现出兴趣。他们认为，这项技术有能力改变整体安全格局。这项技术有潜力为许多领域的复杂问题提供革命性的解决方案，但与此同时，它也将具有颠覆性，这可能就是它能够挑战现有安全格局的原因。北约的和平与安全科学（SPS）计划支持两个项目，以确保后量子时代的数字通信的安全。例如，量子计算机可以比传统计算机系统承载多得多的数据。这种巨大的计算能力使量子计算机理论上有可能打破传统的密码系统，这就是为什么北约目前正在寻找后量子时代的解决方案，即旨在抵御量子计算机攻击的解决方案。

北约在 2018 年与其伙伴国家马耳他启动了两个多年项目。北约的第一个 SPS-马耳他项目，旨在建立和实施后量子密码解决方案和协议。该项目的目的是，为用于保护敏感信息的加密计算机通信提供安全的解决方案。第二个项目的目的是，通过水下海底光纤在意大利和马耳他之间建立一条通信通道。使用现有的电信光纤，并增加两个便携式量子站，便可建立连接。它们将被安装在意大利和马耳他。从长远来看，该项目有望帮助保护马耳他的关键基础设施，并可以在马耳他和意大利之间使用量子通信。[②]

金砖五国由 5 个国家组成，即巴西、俄罗斯、印度、中国和南非，是一个多边伙伴关系。它占世界领土面积的 26.46%，占世界人口的 42.58%。2015 年，这些国家达成了一项科学、技术和创新（STI）合作计划，确定了开展联合研究的各个主题。这个计划包括从可持续农业到自然灾害、生命科学、水资源和污染处理、可再生能源、空间研究等一系列主题。根据金砖五国科技创新框架计划

---

① 欧盟投资信息，请参阅 https://ec.europa.eu/digital-single-market/en/quantum-technologies-flagship and https://ec.europa.eu/digital-single-market/en/quantum 和 https://qt.eu/ and https://ec.europa.eu/info/horizon-europe_en#missions-in-horizon-europe，2021 年 1 月 21 日访问。

② 《北约与马耳他合作研究量子密码学》，2019 年 4 月 16 日发表，https://www.nato.int/cps/en/natohq/news_165733.htm，2020 年 1 月 23 日访问。

(BRICS STI FP),这些国家支持优先领域的优秀的研究团队,这些领域通过多国协作解决,因此效果极好。这一倡议促进了由金砖国家合作伙伴组成的联盟中的研究人员和机构之间的合作。2020 年 11 月,金砖国家国际量子通信项目宣布。俄罗斯国有公司 Rostec 的 Shvabe 控股公司和金砖五国计划利用最新的宏观和光纤元件创建一个洲际卫星量子通信信道,该信道覆盖距离将超过 1 万 km。这被认为是全球通信的巨大进步。这个名为"量子通信的卫星和光纤通信"的项目预计将在大约 3 年内完成,也就是说在 2023 年或 2024 年完成。俄罗斯方面负责这一项目的主要机构是伏尔加州立电信和信息大学。除了 Rostec 公司,研究小组还包括喀山国立技术大学,该大学的苏联航空工程师图波列夫(A. N. Tupolev)[32]举世闻名,他以其开创性的飞机设计而誉满天下。

上海合作组织(SCO)于 2001 年 6 月 15 日成立,是欧亚政治、经济和安全的联盟。上海合作组织信息技术和创新发展论坛于 2019 年 9 月 26 日举行了一次会议,作为乌兹别克斯坦信息和通信技术周的一部分。在本次论坛会议上,上海合作组织秘书长弗拉基米尔·诺罗夫(Vladimir Norov)宣读了致辞。他在致辞中提到,需要认识到创新和数字经济作为中长期经济增长关键因素的重要性。上海合作组织成员国制定了《上海合作组织成员国在数字化和信息通信技术领域的合作构想》。这一构想确定了与各种关键的信息技术相关的技术,包括量子计算技术。论坛已将这些技术确定为上合组织成员国的优先事项。

2020 年 5 月 21 日,上海合作组织秘书长弗拉基米尔·诺罗夫会见了阿里巴巴集团代表团。在这次会议上,秘书长强调了促进技术合作的必要性,并提到了人工智能、区块链、机器人和量子技术等技术。① 这表明上合组织渴望与私营部门合作,以推进其量子技术议程。总的来说,各种多边论坛都在强调技术合作的必要性,特别是量子技术合作。

上述讨论表明,国家和私人机构都对解决量子技术难题感兴趣。此外,多边组织也有很大的合作兴趣,以便迅速发展。笔者在相关文献中发现了一些有用的信息,这些文献展示了对某些领域金融投资的大致情况。重要国家在量子科学和技术研发领域投资的详细情况如表 7.1 所示。在本章的其他地方或其他章节,给出的投资数字可能会有一些微小的差异。这可能是由于使用了不同的文献来源、货币兑换及分析时不同文件采用了不同的时间段。

---

① http://eng.sectsco.org/news/20190927/584876.html,2019 年 9 月 27 日发表,2020 年 8 月 14 日访问;《上合组织秘书长会见阿里巴巴副总裁》,2020 年 5 月 23 日访问;http://eng.sectsco.org/news/20200523/649480.html,2020 年 12 月 1 日访问。

第7章 全球投资

表7.1 量子技术的政府计划(战略和资金)

国家	战略	政府投资
美国	2018年,签署国家量子计划(NQI)法案。NQI授权联邦政府机构(NIST、NSF和DOE)通过与大学和私营行业的合作促进量子技术行业的发展	国家量子计划(NQI)承诺5年内提供12亿美元的资金。2020年2月,美国总统在预算中增加了8.6亿美元(包括2021年的4.92亿美元)
加拿大	2017年,各公共机构(加拿大国家研究委员会、加拿大自然科学与工程研究委员会、加拿大高等研究院)发表了一份专题研讨会报告,呼吁采取行动: (1)保持和发展加拿大在量子科学方面的卓越成就; (2)激发创新,抓住量子的机遇	(原文提供了错误的数据。根据网络资料,在过去的10年中,加拿大已经在量子研究上投资了超过10亿美元。① ——译者注)
英国	早在2013年,英国(UK)就成为首批制定行动计划并投资量子技术的欧洲国家之一。2015年,进度报告明确了国家战略,确定了5个优先行动领域。 (1)在英国建立这些技术的强大能力基础; (2)刺激在英国的应用和市场机会; (3)培养本地熟练劳动力; (4)创造良好的社会和监管环境; (5)通过国际合作,为英国带来最大利益	自2014年成立以来,英国国家量子技术计划已在两个主要浪潮中投资超过10亿英镑(公共+私人);2014年为2.7亿英镑,2019年为3.5亿英镑
欧盟	欧盟委员会于2016年启动,并于2018年10月底正式启动,推出了一项专项计划——量子技术旗舰计划(european quantum flagship),其目标是: (1)巩固和发展欧洲在量子研究方面的科学领导和卓越成就,包括相关能力的培训; (2)在量子技术领域提升欧洲的产业竞争力,将欧洲定位为未来全球产业格局的领导者; (3)使欧洲对量子技术的创新研究、商业和投资具有吸引力和活力,从而加快其发展,并加速其市场化	量子技术旗舰计划10年获得10亿欧元资金
德国	2018年,德国联邦政府提出了一项框架计划,作为将量子技术推向市场的高科技战略的一部分。总理府于2020年6月发布的后新型冠状病毒计划,证实了该国对量子系统研究的雄心	投资6.5亿欧元,用于政府想要投资开发的量子计算机(特别是与IBM合作),德国总理刚刚增加了1.35G欧元(2020年6月),即20亿欧元资金
瑞士	瑞士的量子技术领域的国内参与者发布了《十字路口的量子》文件,描述了瑞士的量子格局,并呼吁增加投资,帮助瑞士巩固其量子优势	国家研究能力研究中心(NCCR)"QSIT-量子科学和技术"分中心,在2010年至2017年对相关科学技术资助了3800万瑞士法郎

---

① 来源:https://lelabquantique.com/wp-content/uploads/2020/09/QuantumTechnologies PatPubInv-Landscapes.pdf,Table 1,pp.39-42,2021年2月10日访问

续表

国家	战略	政府投资
法国	2019年底,提交了议会代表团的报告(Forteza报告)。包含6条建议: (1)在法国本地部署先进的量子计算基础设施,用于研究和工业; (2)启动雄心勃勃的技术发展计划; (3)设立支持开发利用的项目; (4)创造有效的创新环境; (5)制定适当的经济安全战略; (6)建立有效的治理;该报告应作为该国政府筹备法国量子计划的基础	Forteza报告建议投资14亿欧元。法国目前正在起草的这项计划预计在未来几个月内出台,金额将达到10亿欧元
俄罗斯	2012年,俄罗斯量子中心成立,这是一个致力于量子技术三大领域的研究中心(计算机、通信、传感器和材料)。2019年底,俄罗斯宣布量子技术5年计划,提议注资近10亿美元。这属于2580亿卢布(合37亿美元)数字技术研发计划的一部分,克里姆林宫认为这对俄罗斯经济的现代化和多样化至关重要。现阶段,有3家公司负责制定该计划的不同领域	俄罗斯副总理表示,俄罗斯希望在未来5年内投资10亿美元,用于在俄罗斯主要实验室进行的量子基础和应用研究。其中一半的资金将是公共资金,其余的是私人资金
荷兰	2015年,荷兰代尔夫特理工大学和荷兰应用科学研究组织(TNO)正式确定了一项为期10年的强有力的财政承诺,在荷兰各方面的大力支持下,荷兰于2019年公布了国家量子技术计划,确定4个行动领域以加强其在量子技术中的作用: (1)研究和创新方面的突破(6个主题:计算机、模拟、传感器、通信、算法、后量子密码学); (2)开发生态系统、创造市场、完善基础设施; (3)人力资本:教育、知识和技能; (4)量子技术社会对话	10年内,6方出资1.35亿欧元,将投资于QuTech、代尔夫特大学量子技术研究所和荷兰应用科学研究组织(TNO)
以色列	2018年,以色列政府决定设立一项基金,支持以色列大学在量子技术领域的研究。2019年底,政府推出了一项更加雄心勃勃的量子计划。负责该计划的委员会进一步建议,扩大量子通信、工业和国防领域的量子传感器、材料和云计算领域的系统开发和研究;支持量子组件基础设施的建设;在学术机构中建立物理基础设施,以便不同学科和研究小组共享;加强国际合作。国家研究与发展中心(TELEM)和国防部(MAFAT)是主要参与机构	在2018年创建了一个资本有限的基金(2700万美元)之后,新的2019/2020量子计划将在5年内投资3.62亿美元
印度	很长一段时间以来,量子技术的潜力在印度并没有得到广泛认可。印度在该领域是一个相当新的参与者,起始于2018年开始投资的一个2790万美元的5年计划。2020年,政府刚刚决定在计算机、通信和量子密码学方面投入大量资金	该五年计划的投资从2790万美元增加到了11.2亿美元

续表

国家	战略	政府投资
日本	2018年,日本政府启动了Q-LEAP倡议,在以下领域投资量子技术研发项目:量子模拟与计算(目标是在10年内建成一台100个量子比特的计算机)、量子传感器和量子计量学	作为10年计划的一部分,日本计划为量子应用提供300多亿日元(约2.8亿美元)。Q-LEAP项目包括为期10年、2亿美元的预算。过去15年,这些资助机构在量子信息科学和技术领域的总投资达2.5亿美元
中国	2016年,中国宣布将量子通信和量子计算作为"十三五"规划(2016—2020年)的一部分。到2030年,中国打算扩大量子通信基础设施,开发通用量子计算机,并建造高效的量子模拟器。正在合肥建立的一个专门的量子信息科学国家实验室,已经获得了10亿美元的启动资金,同时通过国家或地区其他举措提供额外的资金	包括建立合肥中心在内的政府计划估计为100亿美元
澳大利亚	2020年6月,澳大利亚国家机构——英联邦科学和工业研究组织(CSIRO)发布了其量子技术路线图,建议: 1. 发展国家量子系统技术战略; 2. 吸引、培养和留住本领域最优秀的人才; 3. 探索有效的筹资机制; 4. 评估行业能力和基础设施	2017—2019年投资了1.25亿澳元
新加坡	自2007年以来,量子研究集中在新加坡国立大学(NUS)的量子技术中心(CQT),每年的资金约为1500万美元。该中心致力于量子计算机和量子密码学	[原文空白。根据网络资源得到的资料:该中心将在5年内投资2500万美元用于一个新的量子工程项目。其他的投资则来自于捐赠款和QEP1(量子工程项目)。这使得量子基金在过去5年的总支出达到了1.5亿新元。——译者注]
韩国	2019年2月,韩国政府宣布了一项为期5年的投资计划,以开发量子计算的关键技术。目标是到2023年,完成5量子比特可用量子计算系统的演示验证,其可靠性超过90%	445亿韩元(约330万欧元,或者4000万美元)

参考文献

[1] Schoff J L(2019)Competing with China on technology and innovation,Oct 10,2019. https://carnegieendowment.org/2019/10/10/competing-with-china-on-technology-and-innovation-pub-80010. Accessed 11 Nov 2020

[2] Rotman D(2020)We are not prepared for the end of Moore's Law,February 24,2020. https://www.technologyreview.com/2020/02/24/905789/were-not-prepared-for-the-end-of-moores-law/. Accessed 30 Oct 2020

[3] Gibney E (2019) Quantum gold rush: the private funding pouring into quantum start – ups, 02 October 2019. https://www.nature.com/articles/d41586-019-02935-4. Accessed 08 Nov 2020

[4] Raymer M G, Monroe C. The US national quantum initiative. https://iopscience.iop.org/article/10.1088/2058-9565/ab0441/pdf. Accessed 06 Nov 2020

[5] Williams J (2013) Quantum voltage standards. AccessScience, McGraw – Hill Education

[6] Kratsios M (2019) U.S. CTO: how America achieved 'quantum supremacy', October 23, 2019. https://fortune.com/2019/10/23/google-sycamore-quantum-computer-supremacy/. Accessed 09 Nov 2020

[7] Sigurdson J (1980) Technology and science in the People's Republic of China. Pergamon Press, Oxford, p vii

[8] Costello J (2017) Chinese efforts in quantum information science: drivers, milestones, and strategic implications testimony for the U.S. – China Economic and Security Review Commis – sion, March 16, 2017. https://www.uscc.gov/sites/default/files/John%20Costello_Written%20Testimony_Final2.pdf. Accessed 12 Nov 2020

[9] Kania E B (2018) China's quantum future, September 26, 2018. https://www.foreignaffairs.com/articles/china/2018-09-26/chinas-quantum-future. Accessed 12 Nov 2020

[10] Sharma M (2018) Decrypting China's quantum leap. China J (The Australian National University) 80:24–45

[11] Peng C – Z, et al (2005) Experimental free – space distribution of entangled photon pairs over 13 km: towards satellite – based global quantum communication. Am Phys Soc 94(15)

[12] Bonato C, et al (2009) Feasibility of satellite quantum key distribution, April 30, 2009. https://iopscience.iop.org/article/10.1088/1367-2630/11/4/045017/pdf. Accessed 23 Oct 2020

[13] Yin J, et al (2012) Quantum teleportation and entanglement distribution over 100 – kilometre freespace channels. Nature 488(7410):185

[14] Liao S – K, et al. Satellite – relayed intercontinental quantum network. https://arxiv.org/ftp/arxiv/papers/1801/1801.04418.pdf. Accessed 10 Nov 2020

[15] Kwon K (2020) China reaches new milestone in space – based quantum communications, June 25, 2020. https://www.scientificamerican.com/article/china-reaches-new-milestone-in-space-based-quantum-communications/. Accessed 14 Nov 2020

[16] Hong I, Pollard J (2017) China seeks first – mover advantage in quantum technologies, Oct 13, 2017. https://www.asiatimesfinancial.com/china-seeks-first-mover-advantage-in-quantum-technologies/. Accessed 13 Nov 2020

[17] Zhihao Z (2017) Beijing – Shanghai quantum link a new era, China Daily, September 30, 2017. http://www.chinadaily.com.cn/china/2017-09/30/content_32669593.htm

[18] Guo C, et al (2019) General – purpose quantum circuit simulator with projected entangled – pair states and the quantum supremacy frontier. Phys Rev Lett 123:

[19] Whalen J (2019) The quantum revolution is coming, and Chinese scientists are at the forefront, August 19, 2019. https://www.washingtonpost.com/elections/. Accessed 11 Nov 2020

[20] Smith – Goodson P (2019) Quantum USA vs quantum China: the world's most important tech – nology race, Oct 10, 2019. https://www.forbes.com/sites/moorinsights/. Accessed 14 Aug 2020

[21] McKinlay R. The UK can lead from the front in a brave new world. https://www.newstatesman.com/sites/default/files/epsrc_supp_update_2019.pdf. Accessed 08 Nov 2020

[22] Vallance P. Building an ecosystem for breakthroughs. file:///C:/Users/idsa/Desktop/QT%20 investments/

epsrc_supp_update_2019. pdf. Accessed 8 Nov 2020

[23] Lefebvre C(2020) The Canadian ecosystem that supports quantum innovation, Aug 21, 2020. https://quantumcomputingreport. com/the – canadian – ecosystem – that – supports – quantum – innovation/. Accessed 16 Nov 2020

[24] Yamamoto Y, et al (2019) Quantum information science and technology in Japan. Quantum Sci Technol 4020502. https://iopscience. iop. org/article/10. 1088/2058 – 9565/ab0077/pdf. Accessed 17 Nov 2020

[25] Yamamoto Y, Leleu T, Ganguli S, Mabuchi H(2020) Coherent ising machines—quantum optics and neural network perspectives. Appl Phys Lett 117

[26] Ray K(2020) India plans mission on quantum technology to get super – secure communication, Jan 27 2020. https://www. deccanherald. com/science – and – environment/india – plans – mission – on – quantum – technology – to – get – super – secure – communication – 798465. html; https://www. psa. gov. in/technology – frontiers/quantum – technologies/346; https://dst. gov. in/budget – 2020 – ann ounces – rs – 8000 – cr – national – mission – quantum – technologies – applications. Accessed 19 Nov 2020

[27] Mishra H(2021) Wipro signs MoU with Tel Aviv University for research in quantum computing, January 6, 2021. https://in. news. yahoo. com/wipro – signs – mou – tel – aviv – 124726244. html. Accessed 21 Jan 2021

[28] Anthony S(2011) First ever commercial quantum computer now available for $10 million, May 20, 2011. https://www. extremetech. com/computing/84228 – first – ever – commercial – qua ntum – computer – now – available – for – 10 – million. Accessed 20 Nov 2020

[29] Mandelbaum R F(2019) Why did NASA, Lockheed Martin, and others spend millions on this quantum computer? Jan 17, 2019. https://gizmodo. com/why – did – nasa – lockheed – martin – and – others – spend – million – 1826241515. Accessed 18 Apr 2020

[30] Demming A(2019) As quantum technology matures what industries should care? 24 May 2019. https://physicsworld. com/a/as – quantum – technology – matures – what – industries – should – care/. Accessed 20 Nov 2020

[31] Srivastava S(2020) Top 10 quantum computing companies in 2020, April 8, 2020. https://www. analyticsinsight. net/top – 10 – quantum – computing – companies – 2020/. Accessed 20 July 2020

[32] Akinyemi M(2020) BRICS international quantum communications research underway, Nov 2, 2020. https://africanews. space/brics – international – quantum – communications – research – und erway/. Accessed 4 Nov 2020. http://brics – sti. org/index. php? p = about. Accessed 17 Nov 2020

第四篇

量子力学为我们带来了很多东西,但不会让我们更加接近老人家(此处用"老人家"指代大自然的主宰者。——译者注)的秘密。无论如何,我相信他不会掷骰子。

——艾尔伯特·爱因斯坦

第 8 章
量子技术的军事重要性

8.1 技术和战争

暴力斗争和人类的存在一样古老。战争是国家之间或各种力量之间的暴力冲突。在"民族国家的崛起"发生的时候,暴力斗争就具有了战争的性质。但是,战争不应只被视为进行军事行动的过程。每场战争都有它自己的道理。交战国决定采用的作战方法和行动的性质,主要取决于所设想的作战结果的性质。每一场战争都有一个政治目标。众所周知,战争很复杂,战场一般也很混乱,战争的性质也在不断变化,因此,在战争中采取战略应该是一个深思熟虑的过程。历史上,每种文明都以不同的方式回应战争。在传统意义上,战争可以被视为伸张正义的社会工具。此外,在传统意义上,还存在各种各样的战争理论,这些战争理论大多基于历史、社会文化和地理环境产生和发展。此外,众所周知,用于作战的工具对战争概念产生了重大影响。

古代的主要战斗力量是步兵。① 骑兵和带有投掷武器(弓箭或投石器)的轻步兵纯粹是辅助性的,数量相对较少。几个世纪之前,已经开始用石头建造城堡。其实,大量城堡的存在,让很小的区域也能够成功地抵挡住更强的对手。15 世纪中叶,火炮的引入从根本上改变了攻防之间的平衡。[1] 随后,随着时间的推移,几个世纪以来,战争的性质通常随着新军事技术的发展而不断变化。与几个世纪前的战斗方式相比,近代和现代的战争发生了显著的变化。

战争与国家的关系在不同的情况下可能有不同的内涵。现代战争与早期战争不同。从战争学说到政策态度再到战争方法,几乎每个领域都存在差异。还有一种观点认为,现代战争可能没有赢家。

---

① 可能需要指出的是,大部分可用的历史资料都与欧洲的军事历史有关。

从广义上讲,现代战争被视为3种不同类型变革的产物——行政、技术和意识形态。这些变化取决于时间和空间的"尺度",而不一定以相同的速度发展。军事技术可以被视为现代战争最引人瞩目(也是最可怕)的象征。从火药到核武器再到导弹技术,每项技术都影响着战争的性质和结果。多年来,武器系统的威力和复杂程度呈指数级增长。在17世纪,高效枪械第一次被广泛使用;在19世纪中期,后膛装弹枪和无烟推进剂被发明,这表明了新军事技术的变化和采用速度曾经是缓慢的。技艺(专业化、训练和战术)的进步比技术的进步更能取得实质性的成果。但是,后来这种平衡发生了变化,而技术在改变这种平衡方面发挥了重要作用。

有趣的是,战争中的技术变革可能是以创新和制造过程为基础的一个独立过程。然而,没有必要仅仅因为有新的技术和新武器可用,就将它们引入军队的战术配置中。大多数情况下,军事机构非常保守,需要时间来适应任何新变化。士兵很少走在技术发展的前沿,而是在更多的时候不愿接受新武器。对于军事单位来说,因循守旧比快速采用新技术更重要,这是因为,在接受新技术方面有多个引人注目的失败例子。最常被引用的灾难性例子是清朝的北洋舰队。在16世纪早期,北洋舰队本可以拥有世界上最先进的海军炮兵,但却拒绝使用炮兵,而是采用传统的撞击战术和登船战术。简单地说,技术的产生与社会和政治氛围相关,同时也推动社会和政治的发展。有一些情况是,国家通过采用新技术管理军事领域以外的其他各个领域的发展,造成这些领域相对较快地发展;但在军事方面,武器发展一直处于缓慢阶段。大多数情况下,在这个时期,国家的态度常常是反对军事的。[2]就像第一次世界大战之后,发达国家普遍认为应该放弃古老的战争制度。这种关于对暴力阶级革命的不切实际的想法,在很大程度上是19世纪西方的构想,其实在西方大多不太相信,但在世界其他各地仍然被当作现实。[3]然而,2001年"9·11"恐怖袭击事件,以及随后美国及其盟国宣布的全球反恐战争改变了当时战争的逻辑。就算不存在发动战争的具体动机,但战争是不可避免的——这种观点似乎已被全球接受,各国也在不断地重新审视和调整其安全战略。

直到16—17世纪,战争还没有明显表现出对技术的依赖。即使在18世纪初期,军事技术的进步仍然相当缓慢。然而,随着工业革命的来临,情况开始发生变化。大约在1870年以后,随着新武器和新装备的使用,进步的性质开始有所不同。在大概1918年以前,军事技术的进步通常起源于军事机构之外,主要是由个人发明家和工业公司促成的。大约在那个时期,各种战役的一些实际结果表明,技术对胜利起着决定性作用。这使军事、政治领导层意识到,他们实际上应该当机立断,尽快引入各种军事平台,比如坦克、舰艇等,以及各种军事技术。[4]

第 8 章　量子技术的军事重要性

在了解了技术在战争中的重要性后,在 20 世纪,政治领导人开始增加所需的研究和开发资金。自 20 世纪初以来,军方对科学的资助,对科学研究的实践和产品产生了强大的变革性影响。特别是,自第一次世界大战以来,先进的科学技术被视为成功军事行动的基本要素。可以说,第一次世界大战令人大开眼界。现代战争时代始于对军事相关技术的重视。第一次世界大战通常被称为"化学家的战争"。最令人发指的武器被投入使用,但毫无疑问,其原理大都是将各种气体转化为武器,并制造先进的高爆炸药。众所周知,军事研究机构迅速应对了这一挑战,并开始制定应对毒气武器的各种对策。

第一次世界大战可以说是汇集了各种各样的创新技术、技艺和方法。这场战争使空中交通管制的想法成为现实。正是这场战争,将多种新发明的汽车和战斗坦克引入了军队。1912 年 5 月,1 架飞机第一次从移动的船只上起飞,这推动了未来航空母舰概念的发展。有人试图开发无人的空中炸弹,这促进了无人驾驶飞机的发展。有意思的是,移动 X 光机和卫生巾等的发明,则从另一个角度帮助了军队——主要对军事医疗单位。[1]

第二次世界大战中最名声大噪的一项技术就是原子弹的开发和演示。然而,这场战争也导致了大量新技术的发展。从雷达到 V2 导弹,到增压舱,再到加密通信系统,这一时期发生的一些重大的技术发展,即使在今天仍然非常重要。此外,在医学领域,盘尼西林的发明,实际上已经帮助整个世界变得更好。[2]

在第一次世界大战期间,机枪在战斗中占据主导地位。随着人们意识到这种武器的潜力,武器领域开始出现重大发展。同时,军用车辆领域也出现了技术进步。这种携带武器的"平台"的发展,可以说从根本上改变了未来战争的性质。20 世纪初,坦克是第一个用于战争的主要军事平台。到第二次世界大战开始的时候,随着车辆设计的进步,坦克已经成为一种战备系统。坦克的发展使希特勒得以使用闪电战战术攻占法国。潜艇和飞机在第一次世界大战期间也彻底改变了战场。长期以来,潜艇一直用于战争。但是,当 1898 年前后新设计的汽油发动机和电池出现时,它们作为一种有效的军事武器平台的重要性增加了。这有助于潜艇在世界大战中发挥重要作用,为现代核潜艇的发展奠定了基础。

世界大战也加速了作为一种战斗系统的飞机的发展。通过飞机进行监视,这种在敌人营地上空活动的行为模式已经持续存在了很久,甚至在大战之前就

---

[1] https://www.mentalfloss.com/article/31882/12-technological-advancements-world-war-i, 2020 年 12 月 1 日访问。
[2] 第二次世界大战后的技术创新,2020 年 12 月 1 日访问。

有。在18世纪,气球都被用于侦察目的。在第一次世界大战中,德国人把齐柏林飞艇改装成了轰炸机。① 这催生了研制战斗机的想法。后来,这种飞机在第二次世界大战期间发挥了关键作用。多年来,航空领域取得了重大进展。在冷战时期,高空战略轰炸机作为威慑工具也发挥了重要作用。②

无论是在第二次世界大战期间还是在战后,用于研究的军事经费都有了显著的增加。20世纪40—60年代,见证了一个重要的繁荣时期,主要体现在无线电设备和电子工业。第二次世界大战后,1950—1953年朝鲜战争爆发。一些大国参与了这场战争,军售激增。国防电子公司的需求量很大。美国军用电子产品研发支出如表8.1所示:[5]

表8.1 美国军用电子产品研发支出

年份	1951	1952	1953	1954	1955	1956	1957
投资/百万美元	136	209	253	248	244	267	303

表8.1表明,甚至在苏联发射第一颗人造卫星Sputnik 1之前,电子工业的研究活动在很大程度上是为了军事利益。③ 值得注意的是,人造卫星的发射对美国的军事思维产生了很大的影响。与此同时,这也导致各国在民用领域的空间技术上进行了重大投资。然而,需要认识到,空间技术本质上是一种双重用途技术,因此在民用领域的投资对军事也有间接影响。

众所周知,苏联在太空领域的成就导致了军备竞赛进入新阶段。苏联用来将卫星发射到太空的技术,也有可能制造能够运载核弹头的洲际弹道导弹(ICBM)。事实上,苏联发射的人造卫星迫使美国机构重新思考他们的整个战争理论。④ 在整个冷战期间(1947—1991年),各种与军事相关的技术在持续发展。同时,在此期间发生了越南战争(1955—1975年)。这一战争持续了几十年。因此,多年来军事技术不断升级。这意味着,几十年来,军方都特别重视技术发展。

军事技术的真正展示发生在1991年海湾战争期间。在这场战争中,美国(和盟军)使用了各种类型的创新技术。事实上,技术是这场战争的主要决定因素。从太空到隐形战斗机,从智能炸弹到新型火炮,各种技术都在战场上进行了

---

① 这是一艘带发动机的大型飞艇,但没有机翼,并充满气体使其比空气还轻。
② 《现代战争技术简史:从火药到无人机》,2018年01月30日发表,https://www.technology.org/2018/01/30/a-brief--history-of-modern-warfare-technology-from-gunpowder-to-drones/,2020年11月30日访问。
③ Sputnik 1是苏联于1957年10月4日发射的第一颗人造卫星。
④ https://www.khanacademy.org/humanities/us-history/postwarera/1950s-america/a/the-start-of-the-space-race,2020年12月2日访问。

测试。所有这些系统已经证明了它们在现代战争中的效用,而现代战争越来越多地在网络中心的协调下进行。科索沃战争(1998—1999 年),阿富汗冲突(2001 年至今)和叙利亚内战(2011 年至今)都见证了新型军事技术的使用。常规冲突与非对称冲突的作战策略和战术是不同的。上面提到的一些战争,在性质上有非常细微的分界线。在大多数情况下,其性质都属于混合型战争,既使用传统战术,也使用非对称战术。显然,使用的武器在性质上存在一些差异。因此,根据战争的性质,技术的应用也会有所不同。

各种战争都表明,技术优势在很大程度上(并非总是)有助于影响战争的结果。军事科学家总是寻求新技术以提高军队的能力。关于新兴技术与发动战争武器的相关性的争论也持续不断。由于历史证明了技术在战争中的功效,预计未来的军事和政治领导人将增加对技术的依赖。因此,民族国家必须跟上技术各领域时代发展的步伐。战争理论可能会被修改,以应对技术的颠覆性。然而,对许多国家来说,这一切并不是什么新鲜事。在过去的几十年里,国防机构越来越依赖技术。与此同时,人们认识到,将科学知识转化为可用的军事技术绝非易事,且仍需不断地努力。所有这些都正在改变许多国防部队的军事计划过程。因此,为了制定长期的国防技术政策规划,需要提出各种各样的构想。

军方领导人明白,单独使用技术是没有意义的。如果需要引入任何新的军事技术,就需要在条令、战略、组织架构、培训和生产人员等多个方面进行改变。所有这些都决定了军事革命(RMA)的必要性。① 这一概念是关于"技术创新应用所带来的战争性质的重大变化,这些变化与军事理论、作战和组织概念的巨大变化相结合,从根本上改变了军事行动的性质和行为"的。技术被视为军事革命的推动者。在 21 世纪的战争中,军队非常依赖信息技术。因此,军事革命有时被贴上"基于信息的军事革命"的标签。不可能每个国家都用技术先进的新装备取代所有旧的军事装备。因此,各国都存在新老技术的混合,都在遵循混合军事革命政策。

在很大程度上,军事革命都是关于军事背景下的技术和技术管理。然而,军事革命也是一个有争议的概念。[6]这是因为军事革命强调使用技术(武器)来赢得战争。然而,情况并非总是如此。特别是阿富汗和叙利亚的持续冲突表明,军事技术优势不足以解决冲突。越南战争也是一个例子。军事安全只是整个国家安全的一部分。对于军队来说,重要的是在充分认识到技术局限性的情况下,再去使用技术。

---

① 美国国防部网络评估办公室主任安德鲁·马歇尔(Andrew Marshall)博士给出的 RMA 定义,https://www.sourcewatch.org/index.php?title=Revolution_in_military_affairs,2020 年 12 月 1 日访问。

目前,各国根据现代战争时期的各种经验,在军事技术领域进行投资。此外,还进行了大量的学术研究,以发展武装部队的技术环境。据悉,在现代战争早期,军事研究机构一直在开发军事技术,此后也有很多技术进入了民用领域。雷达、互联网、GPS和其他一些技术最初是为军事目的而开发的,后来人们发现它们在各种非军事活动中非常有用。然而,自20世纪末以来,各种新技术大多是首先在民用领域(由于商业原因)得到发展,然后才进入军事领域的。就某些新技术而言,民用和军事领域也出现了平行发展。

21世纪见证了技术和社会互动方式的巨大转变,持续不断的进步使技术进展和社会发展更加紧密地结合在一起。随着物联网(IoT)、人工智能(AI)和云计算等技术的出现,信息通信工具和关键基础设施之间的相互依赖性日益增强。为了维护国家主权,国家安全战略越来越依赖技术进步。这种技术进步与国家权力的融合,导致了技术战略国家安全的出现。21世纪的前20年,世界发生了一系列重大事件,改变了全球安全格局,因此,构建全面的安全架构已成为各民族国家的当务之急。

在《科学、技术和美国国家安全战略》报告中,雷蒙德·杜波依斯(Raymond Dubois)认为,"21世纪的主导主题是科学技术的民主化。它是贯穿全球社会的驱动力,渗透于人类活动的各个方面,包括国家安全"。[7]为了应对复杂威胁场景中日益增长的挑战,全球各国都增加了对技术领域的投资。鉴于技术和社会相互依赖程度日益增加,此类投资有可能为许多社会和地缘政治挑战提供解决方案(即便不是全部解决)。科学研究与发展(R&D)的投资水平因国家而异。据悉,一些国家正在联合进行军事研究。大多数国家已经将这类研究纳入其国家安全战略。然而,拥有先进的军事技术能力本身并不是目的。在各国相互联系日益紧密的全球化世界秩序中,力量平衡不仅关乎军事力量。各国都明白,在现代,主权安全只能通过三大支柱来维持,其中包括军备和军事实力。国家与其他国家的较劲其实是为了避免冲突,也与各自的经济实力相关。[8]

因此,军事实力、经济增长和承诺对彼此的正式合作采取措施,已经成为当今以及这个时代全球力量投射的3种关键手段。因此,将技术纳入国家战略代表了全世界的一种信念,即科学和技术进步与社会进步是直接联系在一起的。这种联系促使了一些关键技术的出现,这些技术重塑了我们所理解的社会政治阶层。在海湾战争、科索沃冲突、美国入侵阿富汗和伊拉克、叙利亚的挑战、Petya和Wannacry等各种网络攻击、密码盗窃、数据泄露、银行欺诈中,流氓国家和非国家行为体也在进行核/技术升级。[9]正如杜波依斯所说,高科技武器不再是少数国家的专利。技术的民主化也使一些非国家行为者(从小团体到个人)能够获得过去只有民族国家才拥有的能力。他进一步指出,颠覆性技术以及随之而来的通信和监视能力的增强,创造了一种我们从未面临过的威胁。[7]

人工智能、物联网、区块链、智能材料、高超声速武器、智能传感器和 3D 打印等技术有望带来前所未有的社会和军事变革。除此之外,量子技术是一项预计会带来重大军事颠覆的技术。本章的以下部分阐述了国家和企业如何试图在军事背景下发展量子技术。这一进展被认为是最令人期待的军事发展之一。对量子技术的发展的争论主要是关于"何时",而不是"是否"。不过,需要记住的是,迄今为止,最大的量子系统只存在于实验室环境中。因此,批判性地评估哪种类型的研究将有利于国防用途是很重要的。所有这些都有助于更好地理解"量子时代"战争的未来,以及这些技术如何对全球安全产生影响。然而,需要记住的是,由于这项技术仍处于发展的早期阶段,它对军事系统的确切适用性还很难预测。

8.2 军事应用

从军事角度研究量子科学已经有一段时间了。1959 年 9 月,在美国海军研究办公室组织的一次会议上,人们对量子科学的实际应用有了初步的了解。在这次会议上,数百名物理学家和一些电气工程师碰面了。他们都是"量子电子学——共振现象"研讨会的参与者。这次会议被称为第一届量子电子学国际会议。召开这次会议的想法源于美国海军研究办公室(Office of Naval Research)电子学和物理学部门的成员,他们意识到量子电子学领域的重要性日益增长,并希望就此技术展开讨论。他们发现,新兴的量子电子学领域实际上正在掀起微波技术的一场革命。他们充分认识到量子电子学基础研究的重要性,也开始寻求量子电子学的应用。① 他们想到了两个主要的应用方向:第一个应用是固态微波激射器,这种设备与海军研究实验室的射电望远镜一起,用作超灵敏接收器。② 这项工作也得到了陆军通信兵的支持。第二个应用是原子钟,当时在华盛顿的海军天文台作为时间的标准使用。后一种装置也可视为是一种微波激射器,因为氨分子微波激射器作为一种潜在的实用频率标准得到了广泛而深入的开发。在过去的五六十年间,将量子技术用于军事目的的想法已经生根发芽。[10] 这些年来,关于量子技术在军事上的有效性,人们一直存在异议。军事战

---

① 量子电子学是处理量子力学对物质中电子行为的影响的物理学领域。
② 微波激射器是通过受激辐射进行微波放大的首字母缩写词,是一种通过受激发射放大产生相干电磁波的装置。

略家已经确定了量子技术的具体应用领域。

从逻辑上讲,有关量子技术在军事领域应用的任何分析都可以通过两种方式进行:其一,基于研究每种量子技术应用对军队的重要性的评估;其二,基于个别国家展示的军事特定能力的评估。然而,这些都还是在早期阶段,技术成熟的过程尚任重而道远。因此,本节进行了多种形式的分析,讨论了各种基于量子技术的军事应用的能力,并强调了少数国家进行军事特定投资的特点。

科学家仍在为技术本身的发展而努力,显然,找到它在军事领域的确切适用性的过程是第二步的工作。目前科学家仍在进行多角度的开发,并正在努力探索这一技术的具体军事适用性。这种同步发展的过程有望帮助军队,否则他们将首先需要等待技术成熟,然后才能开始为军队寻找其应用方向。很难确认各国为军事目的而进行的具体财政投资。国家(和私人)机构大多同时承担军事研究和民用研究。因此,在随后的讨论中,关于国防部门在量子科学和技术领域的财政支出,基本上没有引用具体的数字。目前,国防专家正试图评估这种技术的军事适用性的确切范围。同时,政府和私人实验室正在进行一些试验,希望将该技术应用于现有的国防系统。

目前,国防部队最令人期待的进展之一是将量子技术融入军事领域。现在预测确切影响还为时过早。将量子技术应用到军事上还需要几年,甚至十几年的时间,而且还需要考虑成本效益。但是,人们相信,一旦量子技术达到实用效果,并且成本效益可以被接受,那么毋庸置疑,它将对民用和军事领域产生广泛的影响。

一般的量子学科,特别是量子物理学,会催生各种新的国防相关应用。科学界已经缩小了量子科学在国防相关应用的范围,目前的重点是量子密钥分配(QKD)、量子密码分析和量子传感。这些应用程序有望以不同的方式,显著影响战略安全。比如,量子密钥分发为防御者提供了一种短期优势,以确保他们的通信安全,而量子密码分析本身就是一种进攻能力,尽管它成熟速度较慢。广义量子计算还可能提供其他一些可能性。量子加密最常见的形式是传输加密密钥(即QKD),其优点是抗篡改能力。QKD技术适用于现有的加密通信系统。然而,长距离传输能否实现尚存在挑战,因此在有限的距离之外,使用这一技术可能不切实际。

量子重力仪(重力传感器)可以探测水下移动的物体,比如潜艇。超导磁力计使用量子技术来测量磁场的微小变化,也可以用于定位敌方潜艇。量子雷达可以用于探测低可观测的飞机。此外,量子技术有助于原子钟的小型化。这种时钟有助于寻找位置、导航和定时参数。量子计算可能会提供其他具有颠覆性的应用。现阶段得出任何具体结论还为时过早。只有当量子计算技术显著成熟时,才有可能准确预见未来的发明,或友军或对手会如何利用它们。量子计算不会完全取代基于晶体管和硅微芯片的传统计算方法。相反,量子计算最好被视为一种替代、互补甚至协同的技术,能够解决当前计算机无法解决的一些问题。① 这将取决于武装部队如何最好地使用如此强大的计算能力。从密码到天气预报再到武器系统/平台的设计,武装部队可以从量子计算中获得各种战略和战术领域的帮助。

量子光源是另一个研究领域,与量子科学的其他研究形式略有不同。② 量子传感利用自然界的一些非直观属性来测量时间、磁场、重力或加速度。③ 量子传感是"利用量子力学来提高测量的基本精度,使能传感器和测量的新的领域或者新的模式"。④ 这种能力有可能为军事提供一些特定的优势。量子传感器可以直接测量加速度或旋转,可以用来在 GPS 无法定位的地方确定位置。⑤ 然而,这是一项尚未完全成熟的技术,还有大量研究工作正在进行。

量子传感等技术的军事应用前景广阔。当这项技术成熟时,它将能够高度精准地定位全世界海洋中的潜艇。目前,位置、时间和导航等参数的识别依赖于原子钟。导航卫星上装有原子钟。现在量子传感可以用于提供惯性导航,这将减少对 GPS 信号的依赖。特别需要注意的是,GPS 信号是可能会被干扰的,因此,基于量子的解决方案值得推荐。除了导航,国防机构还应该寻找其他应用方向的可能的军事用途。

量子力学的特性之一是纠缠(另一个讨论最多的特性是叠加)。这一性质在本书的其他地方也有讨论。广义地说,纠缠是两个或两个以上的量子比特相互纠缠,因为对其中一个的测量,瞬间就决定了另一个的结果。这通常被称为它们的"非直观"属性,是量子传感的关键。量子传感利用自然界的一些非直观性质来测量时间、磁场、重力或加速度等。目前,铯或铷被用于原子钟,这为国际单位制中秒的定义提供了主要标准。此类时钟可用于 GPS,以获取有关计时和定

---

① 以上对各种应用的讨论是基于《量子计算与防御》第 1 章第 Ⅲ 部分"军事平衡 2019",https://www.iiss.org/publications/the-military-balance/the-military-balance-2019/quantum-computing-and-defence,2020 年 1 月 24 日访问。
② 可以发射单光子流的系统,称为量子光源。它们是各种量子系统的关键硬件组件。
③ 《量子飞跃:用于军事的原子传感—全球防御技术》,2019 年 2 月发表(nridigital.com),2021 年 1 月 22 日访问。
④ 《量子信息科学国家战略概览》,2018 年 9 月发表,https://www.whitehouse.gov/wp-content/uploads/2018/09/National-Strategic-Overview-for-Quantum-Information-Science.pdf,2020 年 12 月 5 日访问。
⑤ 《军用量子传感器可探测海洋中的潜艇》,https://www.insidequantumtechnology.com/news/quantum-sensors-military-may-detect-submarines-oceans/,2020 年 12 月 5 日访问。

位的信息。它们还用于可以探测潜艇或弹药的磁力计。随着量子传感器的全面发展,它们可以用于直接测量加速度或旋转,以此来确定位置,特别是在 GPS 失效的地方。[11] 在需要跨多个武器系统和飞机进行无故障同步的情况下,预计量子时钟将提供 GPS 的实用替代品。在未来,更深入的研究可能可以发掘更多的国防相关应用。

导航领域的应用似乎有很大的希望,而军事的角度也出现了很多争论,声称量子技术可以为现有 GPS 提供更好的替代方案。预计机载加速度计、磁力计和量子重力仪可以抵消关键导航系统对 GPS 卫星信号的依赖。军用飞行平台可以在不使用 GPS 信号的情况下进行越洋飞行,并以几米的精度到达目的地。量子导航传感器可以精确地测量地球的某些物理特性(电磁场、重力场等)的变化,从而可以提供清晰度非常高的制图。导航传感器可以激光冷却的原子或钻石中的杂质为基础。① 所有这些将实现在不使用卫星的情况下准确地定位,并在轰炸行动中提高准确性。

量子计算机在国防领域显示出巨大的应用潜力。但是,重要的是要意识到量子计算机不会直接替代传统计算机。今天,计算机可用于各种飞机、船舶、潜艇和坦克,用于辅助各种操作。至少在近期,这些计算机不太可能被量子计算机所取代。从广义上讲,量子计算机有望提供解决当前传统计算机无法解决的问题所需的计算能力。量子计算机将能够使用现有技术读取通过互联网传输的秘密信息。从网络安全的角度来看,量子计算机也有明显的吸引力。如此庞大的计算能力预计将超过许多先进的超级计算机的综合能力。显然,如何使用如此强大的计算能力,将取决于军事技术人员的想象力。

一些研究人员认为,量子计算机不应该被视为解决当今计算问题的某种形式的灵丹妙药。② 但人们普遍认为,这些系统可以被国防领域的决策者用于大规模模拟军事部署,被科学家用于模拟复杂的化学反应以设计新材料,甚至被计算机科学家用于破解密码学或先进的人工智能工具。[12] 总的来说,长久以来,军队一直在使用建模和仿真(M&S)技术解决问题。设计、测试和操作 M&S 系统冗长、耗时且昂贵。这种系统被用于从训练到后勤再到战争计划的各个环节。在量子技术的帮助下,可以在战时和和平时期进行各种模拟。这些军事模拟需要大量的数据处理和大量的计算能力。目前,由于计算能力方面存在的挑战,在

---

① 《量子计算将改变航空航天和国防技术》,2020 年 1 月 23 日发表,https://www.defenceweb.co.za/joint/science-a-defence-technology/quantum-computing-set-to-alter-aerospace-and-defence-technology/,2020 年 12 月 7 日访问。

② 《忘记你可能读过的大部分内容:关于量子计算的 DSTL》,https://defence.nridigital.com/global_defence_technology_sep20/dstl_on_quantum_computing,2020 年 12 月 7 日访问。

开发各种 M&S 模型时,总是要进行各种近似。随着量子计算机的到来,现存的大多数障碍都将被克服。

以色列正在通过在量子技术上的一些重大投资来确保其军事优势。他们建立了一个专注于量子计算的创新研究基金。以色列国防部武器和技术基础设施发展管理局(MAFAT)及其高等教育委员会和以色列科学基金会正在进行与量子技术相关的研究,他们希望这种研究将有助于提高以色列的情报收集能力。①

澳大利亚也是量子领域研究的重要参与者,特别是从国防应用研究的角度来看。他们主要关注量子计算和量子加密,因为这些技术有能力保护国防机密,并篡改所有之前加密的敏感通信,从政府和军事机密到银行交易。澳大利亚军方认为,有关军事部署、导弹发射井的安装或位置的"旧的"但敏感的信息,可能仍然至关重要,并可能帮助对手复原他们的情报地图。商业秘密、知识产权、设计、银行交易也都易于受到攻击,这些都具有民用和国防意义。

澳大利亚的科学家们也意识到,目前,量子密码术是唯一经过验证的,既能保证通信安全,也能帮助挖掘以前的数据的方法。因此,大力推进开发更安全的经典密码的科学被称为后量子密码学。麦考瑞大学(Macquarie University)和悉尼大学(Sydney University)等机构正在研究这一问题。

澳大利亚的量子传感研究也取得了进展。在其他量子技术中,澳大利亚科学家正在研究重力仪。这是一个非常灵敏的传感器,可以探测引力场的变化,可以感知目前任何感官系统都无法探测到的东西。重力仪是一个被动的探测系统,不发送信号,只是接收由于周围引力而造成的、能够被测量到的场。重力仪甚至可以探测到不发射任何电磁信号的物体。预计这些系统可以部署在飞机上(或在未来的卫星上),以探测深层地下掩体、导弹发射井或任何洞穴——却能不让对手知道其已经被探测到了。[13]

澳大利亚计划进行一些技术验证,其中可能包括可以探测隐藏的地下结构、空洞和隧道的量子技术、使用量子算法改进补给,以及扰乱卫星介导的量子通信。澳大利亚计划在 2021 年 4 月 20 日在布里斯班展览中心举行的第一届陆军量子技术探索日(AQTED)上进行演示验证。② 通过这种验证,澳大利亚将把他们的能力展现在世界面前,而且澳大利亚有可能为未来在这一领域的军售创立自己的地位。除此之外,这种验证的另一个明显的优点是,向对手宣示他们在量子领域的军事能力。

---

① 《以色列通过投资量子技术确保军事优势——量子技术的本质》,2020 年 12 月 8 日发表。
② 《国防寻找量子解决方案》,2020 年 11 月 19 日发表,https://www.australiandefence.com.au/news/defence-looks-for-quantum-solutions,2020 年 12 月 2 日访问。

澳大利亚正在稳步增加对量子技术领域国防相关项目的资助。他们已经批准了两个尖端研究项目,预计将加速澳大利亚在量子技术领域的技术专长的发展。两个先进的量子科学和技术项目正在通过国防工业量子研究联盟获得资金。一个项目是关于磁场的量子感应(磁力测量)的,通过感应磁场的微小变化可以探测到当地环境的变化,并可能确定是什么引起了这些变化。另一个项目涉及量子安全通信。新南威尔士州国防创新网络与一些澳大利亚大学合作开展了各种项目。根据这些项目成功研制的样机,将确保澳大利亚国防军仍然是该地区的主要国防力量。[14]

澳大利亚国防思想家认为,需要明确未来的国防专项投资,因此制订了"2040 年量子使能国防愿景"。① 他们预计,这种量子使能结构将是一个由量子传感器、计算机和通信链路组成的分布式网络。该网络将被所有国防垂直部门使用,如陆军、海军、空军、网络和太空部队及其国防工业设置的各种其他机构。预计一些特定的军事应用将采用独立模式的量子技术,而另一些将采用量子和其他新技术的组合。

在全球范围内,政府和私营企业正在加大对量子科学的投资,因为该领域的发展,展示了其在军事、工业、医疗和民用部门的前景。IBM 公司和谷歌公司等私营科技巨头在量子计算领域进展突出,已经超过了现今的计算能力。一些这种公司在这一领域专注努力,有望在开发机器学习、算法优化或计算能力的新方法方面取得成功。科学和金融投资的性质使这些机构提高了信心,相信他们将能够开发出一种不可破解的专业加密技术,而且,如果用于解密,这种技术肯定会在几秒内攻破当今最安全的系统。量子模拟将使研究人员和分析人员能够探索与无限小的物质(如原子、离子、光子或电子)相关的特性。对于从事国防研发工作的人员来说,充分利用量子技术的这些能力将是一个挑战。此外,量子通信有望使政府和国防部队能够以最安全的方式发送和接收信息。量子传感器有望促进对孤立原子的操纵,使精确测量成为可能。这些特性将有助于研制更精确的雷达。此外,军事医疗机构也将受益,因为该技术将有助于建立新的磁共振成像系统。②

量子技术是一种变革性的技术,特别是自 21 世纪初以来,美国和中国一直在研究这项技术,以利用这项技术为国防力量带来帮助。他们一直在研究如何

---

① 《量子技术:防御势在必行》,2020 年 5 月 5 日发表,https://researchcentre.army.gov.au/library/land-power-forum/quantum-technology-defence-imperative,2021 年 1 月 22 日访问。
② 《量子计算将改变航空航天和国防技术》,2020 年 1 月 23 日发表,https://www.defenceweb.co.za/joint/Scien-ce-a-defence-technology/quantum-computing-set-to-alter-aerospace-and-defence-technology/,2020 年 12 月 7 日访问。

第 8 章 量子技术的军事重要性

利用量子物理学来帮助军队和军事任务,这是一项非常复杂的任务。因此,众所周知,美国军方和国防高级研究计划局(DARPA)等主要国防机构已经安排了一些顶尖科学家从事这项工作。此外,澳大利亚陆军和以色列机构正在开展各种军事专用项目。

美国武装部队的后勤部门在量子科学方面进行了非常系统性的投资。陆军后勤创新局(LIA)是美国陆军后勤企业支持局(LESA)的下属机构,负责改进陆军的日常后勤工作。该机构负责评估和整合创新的后勤解决方案、政策、流程和项目,以支持陆军参谋长和副参谋长。[①]

必须意识到,未来的军队后勤工作人员将不得不履行一系列后勤职能——这些职能由全部的、端到端的物流企业提供,还要使用一些工具,这些工具将有助于作出有效的决策,以及快速、动态的规划,还要参与陆军后勤创新局开展的5个主题,这5个主题将为未来的物流创新提供服务。"量子计算与通信"就是这些创新的主题之一。有一种观点认为,当量子技术完全成熟时,它可以为军队后勤提供各种好处。例如,量子技术若能够突破各种类型的障碍(如解决退相干问题),可能会催生多种重要的军事应用,解决各种目前无法解决的问题,这些问题本质上非常复杂,同时,这些问题所处的环境也非常混乱。未来,量子计算和量子通信将为陆军提供精确的后勤支持,对整体的部署系统、分配系统和维护系统进行高水平的控制,以便为部署在全球任何地方的士兵提供准确和及时的支持。

未来的战场将充斥着越来越多的无人驾驶或机器人系统和设备,这将对后勤人员和他们的规划系统提出巨大的挑战。在这样一个环境中,面对各种各样的、难以解决的问题,量子计算和量子通信可能会助其一臂之力。在远程呈现(战场上的远距离呈现)技术领域,新兴的量子技术(如量子机器人)可能会发挥作用。这种在分布式量子计算系统内运行的机器人,可以在很远的距离内远程控制小型传感器和驱动器。这将彻底改变"感知与响应"物流的概念。[②]

在现实中,如果量子计算的速度得到恰当的利用,那么未来的物流人员可能会迅速完成实时需求,或抢占先机。量子系统获得的计算和通信速度提供的实时的、可操作的知识,可能会取代目前的"最佳猜测"。"最佳猜测"只是基于以当今速度处理的历史数据的物流估计。如果敌我后勤环境类似,那么毫无疑问,与现有的经典计算系统相比,量子系统将改变战争的态势。

---

① https://lesa.army.mil/home.aspx and https://lesa.army.mil/OrgChart.aspx,2020 年 12 月 6 日访问。
② 感知与响应后勤,或更广泛地说,感知与响应战斗支持能力包括预测将需要什么,并对预期快速响应,或满足对意外事件的需求,以维持军事能力。有关更多信息,请参阅文献[15]。

后勤部门意识到,他们应该对量子信息科学的进展保持警惕,并进行及时的投资,以便更好地准备利用该技术的潜在能力,以解决影响陆军后勤的棘手的计算挑战。目前,需要一种技术,能够解决日益动态化的物流规划和仿真需求。[16]

美国私营企业积极参与,以为军方寻找量子科学的应用领域。最初的重点是开发量子计算、量子通信、量子成像等技术,以应用于国防。以下是几个案例,介绍了美国采取的一些此类合作。

美国军方直接与私营企业合作,以期在确定的量子科学的军事应用方面取得进展。美国空军研究实验室(AFRL)正在加大努力,并与工业界和学术界合作,将量子信息科学应用于美国空军关注的领域,并确保开发能力。AFRL 已经正式加入 IBM Q 网络,通过使用商业量子系统,可以探索与空军相关的实际应用。与此同时,军事和工业研究人员正在研究空军在真实硬件上的相关问题,这可能产生优于传统计算的"量子优势"。一些早期应用包括优化问题、机器学习算法的加速和量子化学模拟。①

以色列的贝尔谢巴市(Beersheba)和内盖夫本－古里安大学(BGU)宣布了与以色列国防部、美国空军和美国海军在量子技术领域的联合研发项目。②BGU 正在与不同的国防组织以及高科技行业的一些公司建立合作研究,如原子钟制造商 Accubeat 有限责任公司。BGU 已经向这些公司和国防组织交付了几种不同技术的样机。③

在美国,航空航天公司是一家由联邦政府资助的研发中心,为军事、民用和商业客户提供航空航天任务各方面的技术指导和建议,该公司正在努力将量子技术应用于太空,以便国家安全空间运营商能够了解如何最好地利用量子使能的独特应用。量子通信技术系统可以通过多种方式在太空中实施。他们正在进行系统级别的分析,以更好地理解如何将量子通信系统及其能力集成到现有的空间结构中。该机构正试图为武装部队找到最佳组合方式,并致力于通过评估和改进量子通信的基础设施,以支持国防建设。它的重点是在量子通信网络中建立卫星对卫星或卫星对地面的系统。[17]

在 2015—2016 年,美国空军开始寻求如何使用量子技术来改善与之相关的

---

① https://militaryembedded. com/radar－ew/signal－processing/quantum－tech－for－dod－to－be－developed－by－ibm－and－afrl,2020 年 12 月 7 日访问。

② 以色列南部内盖夫沙漠中最大的城市是以色列最新的科技中心之一。有各种有前途的初创企业,重要的以色列高科技公司在这个城市设有办事处。BGU 是贝尔谢巴的一所公立研究型大学。

③ 《量子雷达,BGU 以及美国和以色列国防机构追求的其他量子技术项目》,2019 年 7 月 2 日,https://militaryembedded. com/radar－ew/signal－processing/quantum－technology－projects－being－pursued－by－bgu－with－israel－defense－ministry－plus－u－s－defense－agencies,2020 年 12 月 8 日访问。

多种功能。此外,有人认为,量子系统也可以帮助国防部的其他部门,特别是在涉及机器学习、模式识别和物流的项目中。美国空军还提议建立一个用户网络,这些用户可能会想到将量子计算应用到自己的机构中的各种新方法。2015 年,美国空军宣布拨款 4000 万美元,用于资助量子系统的研究、最终维护和安装。有一种观点认为,量子时钟和量子传感器值得进一步投资,因为这些技术可以提供更好的定时精度,预计将提升空军执行任务的能力,如信号情报、抗数字射频存储、电子战,并建立更强大的通信能力。[18]

当今的太空系统很容易受到网络攻击,这是一个现实。因此,有必要加强空间资产的网络安全,以确保通信的可靠性。为了在加密军备竞赛中保持领先地位,美国航空航天公司正在努力探索各种方法,利用相关物理定律,以确保卫星系统能够保持业经实践证明的安全性。业经实践证明的安全性指的是,在任何类型或级别的计算机上,已经证实了都是安全的。[19] 其他不同的领域也必须遵循这个原理,尽管采用的方式可能有所不同。为此,美国情报机构正在使用量子密钥分发技术。有了这种卫星网络,就有可能避免敌方对敏感数据可能的拦截,也可避免敌方实施的轨道操纵,或用于军方的军事通信。①

美国海军研究实验室(NRL)的研究人员可能已经开发出一种新技术,可以推动量子技术的未来发展。这种技术通过挤压量子点(由数千个原子组成的微小粒子),以发射波长完全相同且位置相距不到 10^{-6} m 的单个光子(单个光粒子)。现在,要使量子点相互作用,它们必须发出相同波长的光。量子点的大小决定了发射波长。但是,没有两个量子点在最初创造时具有完全相同的大小和形状,这使我们不可能创造出发出相同波长光的量子点。这项新技术可能预示着基于微型激光、通信和传感网络的光学计算和"神经形态"计算的重大发展。② 这一进展可能有利于空间和能源效率非常重要的应用,更重要的是,这种特性对国防应用很有意义。然而,需要注意的是,光计算机和量子计算机之间是有区别的。与传统的以电子为基础的计算不同,光学计算机使用光子进行计算。光学计算机的关键部件是光子,即光的粒子形式。量子计算的能力是超越二进制的,也就是说,不仅可以创造值为 1 或 0 的光子,还可以创造态同时为 1 或 0 的(量子比特的)光子。这两种计算系统在航天和国防领域都有各种各样的应用。

---

① 《解锁空间资产网络安全的量子密钥分发》,2020 年 10 月 27 日发表,https://aerospace.org/article/unlocking-quantum-key-distribution-space-asset-cybersecurity,2020 年 11 月 14 日访问。
② 《NRL 的量子技术发展可以推进激光和传感》,2019 年 7 月 9 日发表,https://militaryembedded.com/radar-ew/sensors/quantum-tech-developments-by-nrl-could-advance-lasers-and-sensing,2020 年 12 月 8 日访问。

除了计算和通信，量子计量——一门关于测量的学科——的能力还植根于量子物理的独特性，比如说，无线电探测和测距的量子雷达，或光探测和测距的激光雷达。传统的雷达和激光雷达发射无线电波（轻粒子），并测量它们从一个物体的反射，然后将测量值与预期值进行比较，据此收集该物体的速度和距离的信息。但是，一对纠缠的量子粒子所包含的交互信息是一对完全相关的经典粒子交互信息的两倍（两个变量 A 和 B 的交互信息被定义为人们通过测量 A 获得的关于 B 的信息量），即完美的量子关联比完美的经典关联"更强"。这意味着，量子雷达或激光雷达可以使用更少的发射，而得到相同的检测结果，即使对于隐形或低可观测飞机，也可以在相同功率水平下获得更好的检测精度，或者允许雷达在低得多的功率水平下运行，而更难被对手发现和干扰。[20]

量子互联网是军队进行投资的另一个领域。美国陆军作战能力发展司令部下属的陆军研究实验室正在对这一课题进行研究。他们认为，量子互联网可以提供军事安全、传感和计时能力，这是传统网络方法无法实现的。他们在因斯布鲁克大学资助的一个研究项目中，已经创造了物质和光之间量子纠缠传输的纪录，使用光纤电缆的传输距离达到了50km。研究人员认为，城际量子网络应该由物理量子比特的遥远网络节点组成，尽管物理距离很大，但它们仍然是相互纠缠的。这种纠缠态的分发对量子互联网的建立非常重要。① 众所周知，美国军方在20世纪60年代后期进行的研究，促成了今天的互联网的诞生。同样，对于民用和军用领域，量子互联网也值得期待。

美国陆军在普林斯顿大学的一个项目中，在微芯片上建立了一个电子阵列，模拟粒子在双曲线位置上的相互作用。双曲线位置是一个几何表面，空间在每个点上都弯曲远离自身。在探索超导谐振器的新应用时，研究小组发现，这些系统可以用于模拟用其他方法无法制造的量子材料。此外，该项研究可能会为量子力学和引力中的开放问题和基本问题提供新思路。这项研究有望推进量子模拟，使我们能够更好地了解与陆军目标相关的材料。此外，这也有助于探索更多与军队相关的挑战。也许，量子材料可以帮助开发新的通信网络，并帮助军队发展更有效的网络能力。②

科学家预测，未来量子计算机与人工智能相结合，有可能为军事创造更大的优势。预计这两项技术结合在一起，将使无人机和无人作战飞行器、下一代巡航

---

① 《陆军项目让量子互联网更接近现实》，2019年9月26日发表，https://www.army.mil/article/227712/army_project_brings_quantum_internet_closer_to_reality#:~,2020年12月8日访问。
② 《陆军工程推进量子材料,高效通信网络》，2019年7月24日发表，https://www.eurekalert.org/pub_releases/2019-07/uarl-apm072419.php#:-,2020年3月12日访问。

导弹和机动的弹道导弹在发射后的任何时候都能改变航向,以适应新的目标。这种系统可以及时识别敌人所采取的反击措施,有助于避免、误导甚至摧毁即将到来的反击。①

俄罗斯在量子技术和人工智能领域的发展可能大大落后于美国和中国。有一种观点认为,俄罗斯可能落后近 10 年,尤其是在量子计算领域。在意识到自己必须迎头赶上之后,俄罗斯政府在 2019 年 12 月宣布,他们将在未来 5 年投资 7.9 亿美元用于量子研究。② 此类举措不能被视为特定于军事的,然而,当技术完全成熟时,俄罗斯很可能会找到自己的方式使研究进入战略领域。俄罗斯计划的具体细节将在下一章讨论。

中国正在投资量子技术,目的是发展安全的全球通信、增强计算和解密能力、水下目标探测能力以及增强潜艇导航能力。③ 量子技术可以看作战略决策的重要技术之一。中国启动了一个量子通信和计算的大型项目,并计划在 2030 年实现关键技术的突破。中国科学家已经成功地推进不可破解的量子通信的实用化和商业化,与此同时,他们也在寻求在量子计算领域的霸主地位,并且在量子传感领域取得进展。在中国的量子计算领域,也有一个重要的私营企业(阿里巴巴量子计算实验室)进行了投资。中国在量子通信领域的重要成就之一是量子京沪干线的启动。这条 2000km 长的量子光纤链路于 2017 年 9 月 29 日开通,这使得这两个城市之间的通信无法被黑客入侵。中国发射的世界首颗量子卫星"墨子号"也已接入了京沪链路,创造了世界首个能够通过地面线路和太空发送信息的天地一体化量子网络。这被称为世界上最长、最复杂的量子链路,将作为连接北京、上海、济南和合肥 4 个城市的量子网络的骨干。中国可能正在努力提高量子信道的稳定性,提高量子卫星的通信效率和稳定性。在不久的将来,中国有望发射高轨道量子通信卫星。[21]

安全的军事通信无疑加强了中国军队在中国广阔地区的指挥和控制。[22-24] 人们认识到,量子通信可以在安全的军事通信网络中发挥重要作用,特别是在战场上。可预见,一旦量子通信技术与现有网络集成,将建立起一个牢固的军事光

---

① 《人工智能和量子计算的未来》,2020 年 8 月 27 日发表,https://www.intelligent-aerospace.com/military/article/14182402/military-aerospace-artificial-intelligence-ai-quantum-computing,2020 年 12 月 7 日访问。

② 《新兴军事技术:国会的背景和问题》,2020 年 11 月 10 日发表,https://fas.org/sgp/crs/natsec/R46458.pdf,2020 年 12 月 9 日访问。

③ 《中华人民共和国 2020 的军事和安全发展》,向国会提交的年度报告,2020 年 9 月 1 日发表,https://www.defense.gov/Newsroom/Releases/Release/Article/2332126/dod-releases-2020-report-on-military-and-security-developments-involving-the-pe/,2020 年 12 月 9 日访问。

纤网络,用于战略和战术通信。

自2017年以来,中国正在建造世界上最大的量子研究设施。该设施位于安徽省合肥市。据悉,科学家们正致力于开发"量子计量学",这有望提高潜艇的隐身能力。理论上,装有量子导航系统的潜艇能够在水下运行3个月以上,而无需浮出水面接收卫星定位信号。该研究机构还可能开发一种量子计算机,能够在几秒内解码加密信息。①

中国似乎已经在开发量子雷达方面领先一步。然而,这种雷达系统运行的可行性还有待证明。现在,声学探测仍然是探测和跟踪潜艇的主要方法。最近,量子力学领域的研究越来越显示出,量子技术具有在多个战争领域颠覆现有范式的潜力。量子传感器和量子通信系统可能会绕过传统射频传感器的许多限制和漏洞,即使受到干扰或遭遇隐形飞机,量子传感器和量子通信系统仍然能够发挥作用。

所有雷达系统的目标都是利用电磁能量探测和跟踪目标。然而,在某些情况下,接收到的信号非常微弱,因此很难进行准确的检测。在这一方面,量子技术有望提供更好的选择。量子雷达主要有两种方法:干涉法和纠缠法。干涉量子雷达(也称相干态量子雷达)被认为是两者中比较成熟的技术。至于纠缠量子雷达,尚有重大的工程困难需要克服。在可预见的未来里,这类雷达可能只能发射非常低的功率,研究人员仍在努力开发能够接收极弱回波的探测器。被传输的标记信号在传播过程中也容易丢失它们独有的特征(它们的纠缠态),这可能会限制信号的传播范围。纠缠量子雷达(有时称为量子照明)可能足够敏感,可以提供实用的反隐身能力,但实现起来要困难得多。[25] 2015年前后的各种试验表明,纠缠雷达的范围可能局限于11km以内。但令人惊讶的是,在2016年9月,中国宣布,他们演示了纠缠雷达样机,并声称其范围为100km。[26] 如果这种说法是正确的,那么这绝对是中国取得的一项重大成就。这可以看作是他们基于量子技术的战略能力的一个绝佳展示。

超导量子干涉装置(SQUID)提供了一种超灵敏的磁力计。众所周知,这种磁力计非常灵敏,甚至可以拾取遥远的太阳耀斑发生时的背景噪声!到2017年,上海微系统与信息技术研究所已经开发出低温液氮冷却的SQUID,它降低了现场测试噪声问题,并且已经证明,即使将这种设备安装在直升机上,也能探测到地下深处的含铁的物体。也许,这种技术突破,将有助于研制世界上最强大的潜艇探测器。此外,量子罗盘的发展还可以帮助中国减少潜艇作业对GPS的依

---

① 《中国东部最大的量子设施已经装备于隐形潜艇》,2017年9月13日发表,https://www.chinadaily.com.cn/china/2017-09/13/content_31932221.htm,2020年12月9日访问。

赖。尤其需要指出的是,中国通过远距离传输分子,在利用量子纠缠进行加密通信方面取得的突破,将有助于中国进一步发展其战略能力。可以想象,这些发明可以应用于水下潜艇的通信,称得上是一项具有技术挑战性的任务,这尤其有助于国家指挥机构发出的发射核武器命令的传递。[27]

总而言之,量子技术可以被视为一组多用途的、独特的技术,与现有技术在本质上完全不同。[28]在进行未来的投资之前,国防工业需要认识到这一点。幸运的是,迄今为止,通过国家和私人机构资助,在量子领域取得的成就表明,尽管存在各种技术挑战和资金限制,各种机构仍在以非常专注的方式继续他们的工作。在国防领域,更是时不我待、争分夺秒,以期在量子技术民用之前获得成功。同时,国防研发和创新也在同步进行。目前,从国防的角度来看,主要关注的是密码学和通信技术,以及寻找卫星导航的替代方案。从长远来看,各国期望在军用级量子技术上实现重大突破,以挑战现有的网络中心战的格局。

8.3 国防工业

在国防工业领域,主要是航空航天工业,正关注于量子技术。波音公司、洛克希德·马丁公司和空中客车公司等公司都在专注于量子研究。他们意识到,量子领域的任何重大突破都可能给国防工业带来一场重大革命。他们目前的重点似乎主要是支持量子计算机的研究。

洛克希德·马丁公司是量子计算的早期投资者。实际上,该公司从1995年左右就开始了量子科学项目。他们在2010年购买了第一台D-Wave系统公司的量子计算机。洛克希德·马丁公司已经投资了大约1500万美元,来给D-Wave One量子计算机"捣乱",最终用于测试关键任务软件的"验证和确认"(V&V)程序。从长远来看,预计量子计算机将对航空航天工业极其有用。武器试验需要巨量的资金。当采用飞行模拟来调试软件时,每天的验证和确认费用可能高达5000万美元。显然,如此巨大的成本促使公司考虑寻找更好的、性价比更高的解决方案。因此,投资量子计算是为了找到一种管理软件测试成本的方法。以测试一个样本存在的问题为例,即F-16战斗机软件代码中已经持续30年的一个错误寻找解决方案。D-Wave量子计算机在6周内给出了一个解决方案,而顶级工程师可能需要几个月的时间,才能精确查明错误。飞机系统软件是安全的关键因素,是所有主要技术行业中受到最严格监管和认证的软件之一。洛克希德·马丁公司投入了大量的精力来保证飞机系统软件的正确性。F-35战斗机的800万行代码就是一个很好的例子。[29-30]

另一家航空巨头——空中客车公司也对量子技术很感兴趣。他们制定了一个基于尖端技术、数字化和科技卓越的前瞻性战略。据悉,该公司正在探索一些可以应用于航空航天领域挑战的量子技术,特别是为先进飞行物理学挑战寻找答案。这些技术包括量子计算、量子通信和量子传感。空中客车公司一直与多个机构合作,并与奋进(Endeavr)公司合作,在威尔士纽波特建立了量子技术应用中心,其目的是与外部合作伙伴探索太空、航空航天和国防应用。空中客车风险投资公司(Airbus Ventures)是基于云计算的量子计算解决方案提供商 QC Ware 的种子投资者。他们还为布里斯托尔大学的量子技术创新中心提供支持。

空中客车公司也热衷于发展量子计算方面的专业技术,他们在量子计算领域发起了一场全球竞赛。为此,该公司邀请专家提出并开发解决方案,利用最新的计算能力,对整个飞机生命周期进行复杂的优化和建模。该公司认为,空中客车量子计算挑战赛(AQCC)将把新的计算能力应用到现实的工业案例中,从而把科学带出实验室,进入工业领域。通过这一挑战赛,空中客车公司正在寻求进一步探索量子技术带来的多种解决方案,这些解决方案可以通过内部和外部知识、数据和专业知识共享。具体而言,飞行物理领域已经确定了5个不同的挑战,这些挑战对空中客车公司从设计、运营到航空公司收入流的所有业务都有影响。这些挑战的复杂程度各不相同,涵盖范围从飞机爬升等简单优化,到机翼盒段设计等复杂优化。

机器学习应答(Machine Learning Reply)公司是一家领先的系统集成和数字服务公司,隶属于 Reply 集团,该公司的意大利团队凭借优化飞机装载的解决方案,赢得了对空中客车公司的挑战。这种优化至关重要,因为任何一架飞机,都希望充分利用飞机的有效载荷能力,以最大限度地增加收入,优化燃料燃烧以及降低整体运营成本。然而,存在许多操作约束,这些操作约束阻碍了几乎所有优化飞机载荷的计划。现在,空中客车公司设计了一个解决方案,该方案基于一种优化算法,用以飞机货物装载配置。通过考虑各种操作限制因素,比如有效载荷、重心、尺寸、机身形状等,从理论上设计了这个过程。竞赛的获胜者已经证明,优化问题可以通过量子计算进行数学建模加以解决。[①]

美国跨国公司波音公司加入了一个由几家公司和研究机构组成的联盟,以开发量子技术。他们对开发基于量子的电信系统很感兴趣。他们专注于更深入

---

① 《空中客车量子计算的挑战有助于推进可持续飞行》,2020 年 12 月 10 日发表,https://www.airbus.com/newsroom/press-releases/en/2020/12/airbus-quantum-computing-challenge-helps-advance-sustainable-flight.html and "Quantum technologies: A potential game-changer in aerospace", https://www.airbus.com/innovation/industry-4-0/quantum-technologies.html,2021 年 1 月 25 日访问。

地量子力学的规律,以引领量子器件、材料和计算技术领域的突破。该联盟将帮助学术界和工业界,彼此利用各种量子计算、通信和传感方面的前沿知识。在此之前,波音公司在2018年成立了一个新的组织,致力于为商业公司和军事客户开发创新计算和通信技术。这个组织总部位于南加利福尼亚州,名为"颠覆性计算和网络"(DC&N),隶属于波音工程、测试与技术公司。该公司的目标是在安全通信和人工智能等领域开发突破性技术。尤其是,他们正在研究量子通信、计算、神经形态处理和高级传感等学科。

波音公司和IBM公司还在合作探索量子计算的潜力,以获得先进的计算和通信能力,这种能力将越来越成为航空航天创新的核心。波音公司正在利用IBM公司的、基于云计算的量子体验平台,为研究人员提供使用量子计算机和其他强大资源的途径,这些资源将有助于确定如何最好地利用量子技术,解决航空航天行业的最大挑战——包括材料测试和优化等。[31-32]值得注意的是,飞机(不管军用飞机还是民用飞机)的重量和卫星的重量一直是一个问题。目前,一些现代材料/智能材料显示出了巨大的应用前景,可以帮助降低平台的重量,并在各种环境条件下表现得无可挑剔。然而,利用依赖于传统计算技术的测试技术进行材料综合评价具有局限性,因此需要借助于量子计算。

预计国防工业将开始对与量子技术有关的业务产生更大的兴趣,届时,这些技术可能在国防上的应用将变得更加清晰。十有八九,各国将首先在国防部门开发和展示量子技术的性能。随后,在基本要素到位后,国防工业可能接管量子武器的开发任务。公私之间的合作,有可能进一步扩大研究规模。预计在2040—2050年左右,量子技术提升国防能力可能成为现实。届时,将可能是一个量子计算机、量子通信、量子互联网和量子传感器的时代。使量子武器美梦成真,国防工业的作用至关重要。

参考文献

[1] Bean R(1973)War and the birth of the nation state. J Econ Hist 33(1):203-221
[2] Townshend C(ed)(2000)The Oxford history of modern war. New York,Oxford University Press,pp 1-5
[3] Mueller J(1991)Changing attitudes towards war:the impact of the first world war. Br J Polit Sci 21(1):1-28
[4] Van Creveld M(2000)Technology and war I to 1945. Chapter 11. In:Townshend C(ed)The Oxford history of modern war. Oxford University Press,New York,pp 205-209
[5] Forman P(1987)Behind quantum electronics:national security as basis for physical research in the United States,1940-1960. Hist Stud Phys Biol Sci 18(1):165
[6] Gray C S(2001)The RMA and intervention:a sceptical view. Contemp Secur Policy:52-65

[7] DuBois R F, Gerstein D M, Keagle J M (2017) Science, technology, and U. S. National Security Strategy. CSIS, Center for Strategic and International Studies, Washington

[8] Lele A (2009) Technologies and national security. Indian Def Rev 24(1)

[9] Swinhoe D (2020) The 15 biggest data breaches of the 21st century. https://www.csoonline.com/article/2130877/the-biggest-data-breaches-of-the-21st-century.html. Accessed 15 Aug 2020

[10] Forman P (1987) Behind quantum electronics: national security as basis for physical research in the United States, 1940-1960. Hist Stud Phys Biol Sci 18(1): 149-229

[11] Turnbull G (2019) Quantum leap: atomic sensing for the military. https://www.army-techno logy.com/features/quantum-sensing-atoms-military/. Accessed 04 Dec 2020

[12] Buchholz S, et al (2020) The realist's guide to quantum technology and national security. https://www2.deloitte.com/us/en/insights/industry/public-sector/the-impact-of-quantum-tec hnology-on-national-security.html#:~:text=Quantum%20computers%20could%20be%20used,or%20advanced%20artificial%20intelligence%20tools. Accessed 07 Nov 2020

[13] Parker L (2019) Quantum computing in a defence context. http://www.australiandefence.com.au/defence/cyber-space/quantum-computing-in-a-defence-context. Accessed 02 Dec 2020

[14] Hardy E (2020) Quantum leap for Australian defence research and development. https://www.createdigital.org.au/quantum-leap-australian-defence-research-development/. Accessed 03 Dec 2020

[15] Tripp R S (2020) Sense and respond logistics. https://www.rand.org/content/dam/rand/pubs/monographs/2006/RAND_MG488.pdf. Accessed 08 Dec 2020

[16] Aliberti K, Bruen T L (2006) Quantum computation and communication. Army Logist 38(5). https://alu.army.mil/alog/issues/sepoct06/quantum_comp.html. Accessed 06 Dec 2020

[17] Buditama A (2020) How aerospace is leading the development of quantum communication technologies for space. https://www.spacewar.com/reports/How_aerospace_is_leading_the_development_of_quantum_communication_technologies_for_space_999.html. Accessed 04 Nov 2020

[18] Costello J (2017) Chinese efforts in quantum information science: drivers, milestones, and strategic implications. Testimony for the U.S.-China Economic and Security Review Commission. https://www.uscc.gov/sites/default/files/John%20Costello_Written%20Testimony_Final2.pdf. Accessed 9 Dec 2020

[19] Delfs H, Knebl H (2002) Provably secure encryption. In: Introduction to cryptography. Information security and cryptography (Texts and Monographs). Springer, Berlin

[20] Buchholz S, et al (2020) The realist's guide to quantum technology and national security. https://www2.deloitte.com/us/en/insights/industry/public-sector/the-impact-of-quantum-technology-on-national-security.html. Accessed 03 Dec 2020

[21] Bhunia P (2017) World's longest unhackable communications link opened between Beijing and Shanghai. https://opengovasia.com/worlds-longest-unhackable-communications-link-opened-between-beijing-and-shanghai/. Accessed 19 Aug 2020

[22] Kania E, Costello J (2016) Quantum leap (Part 2): the strategic implications of quantum tech--nologies. China Brief 16(19). https://jamestown.org/program/quantum-leap-part-2-strategic--implications-quantum-technologies/

[23] Daguang L (2016) Quantum communication creates the world's advanced military security weapons. National Defense Reference. http://www.81.cn/jskj/2016-3/24/content_6975042_2.htm

[24] Lei Z(2016) Line for quantum communication to be ready next year. http://www.chinadaily.com.cn/china/2016-11/24/content_27476521.htm

[25] Davies A, Kennedy P (2017) From little things: quantum technologies and their application to defence. Report. Australian Strategic Policy Institute, pp 11-13

[26] Davies A, Kennedy P(2017) Quantum technologies and their application to defence. A report by Australian Strategy Policy Institute. https://www.aspi.org.au/report/little-things-quantum-technologies-and-their-application-defence. Accessed 15 Apr 2020

[27] Roblin S(2020) China's quantum radar: how submarines become obsolete? https://nationalinterest.org/blog/reboot/chinas-quantum-radar-how-submarines-become-obsolete-171986. Accessed 30 Nov 2020

[28] Rolfe E (2015) Place your bets: creating a quantum technology strategy for defense firms. https://www.avascent.com/news-insights/perspectives/place-your-bets-creating-a-quantum-technology-strategy-for-defense-firms/. Accessed 10 Dec 2020

[29] BellamyIII W(2016) Quantum computing for aerospace, what are the possibilities? https://www.aviationtoday.com/2016/08/15/quantum-computing-for-aerospace-what-are-the-possibilities/

[30] Leopold G(2016) Quantum leaps needed for new computer approach. https://defensesystems.com/articles/2016/12/09/quantum.aspx. Accessed 24 Jan 2021

[31] Reim G(2018) Boeing launches organisation focused on quantum and neuromorphic computing. https://www.flightglobal.com/fixed-wing/boeing-launches-organisation-focused-on-quantum-and-neuromorphic-computing/129957.article

[32] Annunziata A(2020) IBM quantum summit 2020: exploring the promise of quantum computing for industry. https://www.ibm.com/blogs/research/2020/09/quantum-industry/. Accessed 26 Jan 2021

第 9 章 量子(军备)竞赛

技术在战争中起着至关重要的作用,并且在战争的进攻和防御阶段都具有极其重要的意义。技术在战略层面上不仅支持运营的开发,还支持后勤的开发。众所周知,技术比任何其他因素都更能推动战争的演变。当任何主要的军事技术导向发生变化时,或者一种全新的技术被引入军事领域时,大多要求军队必须改变他们的作战理论。显然,军方总是试图厘清他们的对手正在引进或研究什么新技术。大多数情况下这会导致这些国家试图在建设国防基础设施方面超越对方。

武器是战争的氧气,显然,在和平时期,军队要努力确保采购足够数量的各类武器,并为任何可能发生的情况做好准备。对手可用武器的数量和质量会影响对手的战略考量。一般来说,武器可以分为全自动、半自动和手动 3 种类型。对武器进行分类的另一种方法可以基于弹药的性质/类型/冲击力/速度方面,比如常规武器、化学武器、核武器或高超声速武器。目前,网络武器、空间武器和致命自主武器系统也在争论之中。众所周知,各种武器平台和武器系统以不同的方式影响着战争的本质。从历史上看,民族国家展示其军事能力是为了展示其军事力量。这也可能引发对手之间的军备竞赛。

9.1 军备竞赛的争议

通常,军备竞赛被认为是敌对的民族、国家之间的竞争,结果就是武器的积累或者发展。军备竞赛也被视为民族、国家之间竞争性获取军事能力的一种模式。有时,军备竞赛一词也被宽松地用于指国家的任何军事集结或军事开支的大幅增加。这种竞赛的竞争本质往往反映了一种敌对关系,或者说,正是国家之间关系的好斗性本质导致了军备竞赛。

第 9 章 量子（军备）竞赛

军备竞赛可以被定义为"两方或更多方认为自己处于敌对关系中,敌对方正在增加或提高他们的军备速度,并在总体上关注对方过去、现在和预期的军事和政治行为的情况下,构建各自的军事态势"。[1]

甚至在第一次世界大战之前,军备竞赛就存在了。德国和英国之间的"无畏舰"军备竞赛是第一次世界大战前时期的著名例子(第一次世界大战前的海洋,充满着各种变幻莫测和大胆冒险。在水面以上,英国海军"无畏"级战列舰塑造了整个海洋的态势;此后,在水面以下,德国海军的U型潜艇则崭露头角。——译者注)。这是这些国家之间海军的军备竞赛。从1898年之后,德国开始建造战斗舰队,导致与英国的造船军备竞赛。这些军备竞赛导致英国在1906年左右建造了"无畏舰"号(HMS Dreadnought,HMS 为"Her Majesty's Ship",意为"女王陛下的军舰"。——译者注),这艘战舰相当于两三艘普通的战列舰。第二次世界大战以后,在当时的超级大国美国和苏联之间的冷战时期的核军备竞赛,是近代最著名的军备竞赛的例子。在冷战时期,这两个超级大国之间也从技术优势的角度开展了军备竞赛。二者之间的军备竞赛基本上发生于外层空间领域。苏联在1957年发射了第一颗人造卫星 Sputnik 1,并在1958年通过发射探索者卫星(Explorer)证明了他们的能力。随后,苏联将人类送上太空。1961年,尤里·加加林(Yuri Gagarin)成为第一个造访太空的人类。苏联的这一成功深深触动了美国的心灵,促使美国思考一些真正重大的事情。这促使美国航空航天局(NASA)计划人类登月任务。1969年,阿波罗(Apollo)11号任务确保了人类首次登陆月球。

数十年来,军备竞赛(和军备建设)的概念已经引起了战略审视者的极大兴趣。国际关系(IR)理论的学者对军备竞赛的各种理论假设进行了论证。[2]军备竞赛确实对国家安全产生了重大影响。通常,在关于军备竞赛后果的辩论中,一方认为军备竞赛会破坏军事稳定,紧张政治局势,从而增加战争的可能性。然而,对立的观点认为,当面对咄咄逼人的对手时,进行军备竞赛通常是一个国家避免战争的最佳选择。关于军备竞赛的可能原因,人们的观点一直存在分歧。一派认为,军备竞赛主要是对外部威胁和偶然事件的理性反应,而军备竞赛的反对者则认为,军备建设通常是内部问题和国内利益混合的产物,包括参与研究和开发的研究人员、武器系统的主要生产商及将使用这些武器的军事部门的利益。这些对立观点的政策含义同样矛盾:批评人士认为,军备控制是减少战争可能性和遏制国内利益的一种方式,这些利益不恰当地反映了国家的安全政策,而支持者则认为,军事对抗最有可能捍卫国家的国际利益,并维护和平。[3]

长期以来,军备竞赛一直是国际关系领域许多研究的主题,主要重点是调查其原因和后果。在传统的概念中,军备竞赛缘于相互的不安全感,另一个原因是抵御外部威胁。军备的建设是现实主义理论的一个核心原则,它告诉我们,国际体系的无政府主义和自助的本质,为各国通过军事力量追求安全创造了强大的动机,并在他们永远无法相信他人意图的环境中威慑潜在的侵略者。然而,军事建设非但不会促进稳定,反而可能导致安全困境。在政治学中,安全困境是指一个国家增加自身安全的行为引起其他国家的反应,进而导致这个国家的安全非但没有增加,反而减少了。① 寻求安全的行动往往被视为威胁,并遭到同样的反应,引发国家间的紧张局势,甚至导致局势失控。和平科学研究表明,一般而言,军备竞赛常常会导致冲突前景的增加,而没有太多证据支持对立威慑和力量平衡理论。[4]

各国建立军队是为了确保安全和保卫国土。建立军备(有时这会引发军备竞赛,这可能是特意为之,也可能非其本意)是一个国家获得实现其国际目标所需要的军事能力的3个基本选项之一;另外两个选项为结盟和与对手合作,目的都是减少威胁。广义而言,在这些选项中,选择更具竞争性和更具合作性的选项组合,是一个国家必须做出的最基本的决定之一,而且这一决定往往至关重要。[3]

军备竞赛是否不受欢迎,因为它对经济和安全都有负面影响?从逻辑上讲,大规模武器采购将对该国经济产生不利影响。用于购买武器的资金本可以用于造福人民。关于"应该生产枪支还是生产黄油"的争论由来已久。② 自第一次世界大战以来,人们一直对生产和购买武器的巨额支出极为关切。无论从理智上还是从实践上来说,两国花费大量财政资源进行军备建设以超越对方的想法,都是非常不合逻辑的。20世纪80年代,苏联在阿富汗战败,柏林墙倒塌,美苏政治领导人采取务实的立场,冷战得以结束。众所周知,冷战结束的另一个原因是苏联的经济困难。美国和苏联都在为武装自己进行大量的金融投资,但为了自身经济的健康发展,苏联无法维持这种投资。

对于军费开支的合理性,还有一个反驳理由。人们认为军费开支对经济有好处,也有一些其他方面的好处。对军事技术的投资,会通过技术附带利益、创造就业机会和发展整体基础设施带来好处。战略技术和军事工业的综合,也可以用作推进国家外交政策议程的工具。发展军备的整个过程有一些内在的优势。我们并没有生活在一个理想的世界中,因此安全挑战将永远存在。由于武器采购和建设过程是一种必要的罪恶,所以从这一过程中获取最大利益需要保持谨慎。

---

① https://www.britannica.com/topic/security-dilemma,2020年12月15日访问。
② 在这场辩论中,被引用最多的声明是英国首相玛格丽特·撒切尔(Margaret Thatcher)的声明。在1976年的一次演讲中,她提出"苏联把枪放在黄油上,但我们把几乎所有的东西放在枪上"。

最重要的是,军备竞赛本身是否有能力导致战争的爆发？这个问题值得商榷。军备竞赛可能会增加相关国家的恐惧和敌意,但这是否会引发战争？很难衡量。一些实证研究确实发现,军备竞赛与战争可能性的增加有关。然而,很难意识到,究竟军备竞赛本身是战争的原因,还是仅仅是普遍紧张局势的征兆。与此同时,最近的历史表明,军备竞赛有可能取得胜利,苏联的解体就是一个很好的例子。这实际上导致了美国仍然是全球唯一的超级大国的局面。现有大量军备竞赛模型的理论和经验的文献,这些文献中的大多数都与冷战存在渊源。其中一些模型包括基于"囚徒困境"的博弈论模型、基于理查森模型的动态数学模型,以及通常基于"效用最大化"框架的经济模型。[5]在20世纪60年代,理查森致力于动作-反应动力学的数学建模。这种对问题进行务实评估的尝试,对全面理解种族的本质非常有用,并且有助于认识到军备开支的增减模式,以应对威胁的性质,这种性质大多是动态的。

众所周知,第二次世界大战使科学家参与军事事务的方式发生了重大变化。大量的科学家和技术人员以组织严密、高度集中的方式参与了武器创新。战争结束后,即便在和平时期,军事研发也成为一个大规模的、制度化的进程,规模前所未有;军事研发在冷战时期变得更加突出。在战后的几十年里,武器在一个"有计划地淘汰"的快速过程中被替换。大量资金被投资于武器研发。与军事武器技术相关的研究在国家实验室、大学、军事部门的实验室以及国防工业机构下进行。民族国家的战略需求和财政能力,决定了其对科学的专业知识、金融投资和特定类型技术的关注程度。超过1/4的技术研究是为了满足军事需求而进行的。联合国1981年的一项研究估计,每年约有1000亿美元(约占研发总支出的20%~25%)用于军事研发。所有这些导致了冷战时期北大西洋公约组织(北约)和华沙条约组织(华约)国家之间在核武器、常规武器、生物武器和化学武器方面"有质量的"军备竞赛。很难确切回答,国家和国际安全实际上是因为这种军备竞赛而减少还是增加。[6]

详尽的研究表明,一些主要大国的军备竞赛的后果并不理想,各国选择扩充军备,而这并不是它们的最佳政策选择。所有这些导致了不必要的、紧张的政治关系,降低了安全性,增加了战争的可能性。然而,也有人认为,作为一项政策,各国不必避免军备竞赛。这是因为在某些情况下,武力可能是一个国家的最佳选择。军备竞赛并不总是坏事。然而,在20世纪的许多大国军备竞赛中,各国都犯了错,走反了方向。[7]

还可以区分军备竞赛所涉及的能力类型。质量型军备竞赛是指对武器技术进步的竞争,而数量型军备竞赛是对军事力量绝对数量的竞争。[8]有时,仅根据军事开支数字很难判断军备竞赛的确切性质。这是因为存在许多变量,它们直接或间接影响武器的成本、生产和可用性。此外,还有各种全球出口管制和其他措施,决定哪些技术应该卖给谁。因此,相同的武器的成本可能因国家而异,这取决于供应商的地缘政治和地缘战略的考量。

国家领导人没有必要总是对增强其军事能力做出理性的决定。大多数情况下,这种决定是基于对情况的主观判断做出的。全球和国内的政治压力也可能在这种决策中发挥作用。全球国防工业也有各种臭名昭著的因素。显然,所谓的国防工业利益也将发挥其作用,并影响整个决策过程。

有趣的是,1990年冷战结束后,特别是在西方工业化国家,尽管威胁消失了,但对各种军事研发的重视却有增无减。从冷战结束到20世纪末,这种对军事领域研发的重视似乎一直在继续。这一阶段各国设想的战争类型主要是常规战争或核战争。一些有趣的例子表明,尽管威胁大大减少,但英国和法国等国家仍继续持有核武器。对于它们来说,可能的威胁的性质更加不对称,并且与核无关。

2001年9月11日美国本土发生恐怖袭击后,世界见证了军事思想的重大变化。"9·11"事件之后,不对称战争的概念已经扎根。开发有助于全球反恐战争的技术,此后一直成为人们的主要关注点。与此同时,导弹、网络和空间技术领域也出现了大量的技术进展。21世纪还出现了另外两种战争形式,即太空战和网络战。事实上,太空战和网络战被认为是继陆、海、空之后的第四个和第五个战场。今天,人们对涉及网络武器和天基武器的可能的军备竞赛有着重大关切。

在就军备竞赛问题进行讨论之前,重要的是要了解一下民族国家主要在战略领域引进技术的理念。有些技术本身具有威慑价值,通常这种技术会立即在军事领域得到确立。然而,并不是每项新技术都会受到国防机构的热烈欢迎。国防机构大多非常谨慎,不会立即引进任何新技术。军队中的普通士兵可能对新兴的颠覆性技术充满热情。但是,当涉及该技术的实际归属时,整个决策过程和后续归纳过程需要很长时间。事实上,任何新的军事技术的出现,尤其是当所述技术是本土研究发展的结果时,首先受到更多爱国热潮的欢迎。尽管如此,新技术引入的过程确实需要一定时间。

技术民族主义和技术全球主义是从宏观层面研究技术和社会的术语。这些术语有不同的用法,可能取决于议题和上下文。此外,意识形态、议题、政治倾向和技术政策的条件决定了这些问题。技术民族主义认为技术研究的主要分析要素是国家。一般来说,对于科学、技术、研发和创新等行动而言,国家是基础设施发达、预算允许的单元。技术民族主义者认为,国家的成功取决于他们在这个领域做得有多好。科学界的技术成就与某种形式的浪漫主义和/或极端民族主义有关。相比之下,技术全球主义认为技术正在把世界变成一个"地球村",就这一愿景而言，国家充其量只是推动技术全球主义运作的临时工具，但总会随着新技术全球化的推进而消失。

大多数民用技术确实会被传播到其他国家，或者与其他国家共享。在当今时代，与技术相关的经济在决定技术的未来方面起着至关重要的作用。视听系统、计算机和互联网等各种技术确实与民用相关，并在全球范围内生产和销售。像全球定位系统（GPS）这样的技术在过去几年里一直是美国军方的专属军事系统，然而，由于其与民用航空和其他用途的相关性，该技术后来在全球范围内得到使用（非军事级信号）。据观察，涉及火箭科学和原子科学的技术是主要的受限制的技术，这些技术与导弹、核武器、卫星和天基武器的发展相关。此外，还有一些技术与制造坦克、战斗机、无人机、舰艇和潜艇等军事平台相关。很少有国家真正掌握了这种技术。拥有这些技术的国家利用这些技术来提升他们的国防工业，并出口其中的一些技术。然而，拥有军事技术也使国家能够发挥其威慑力。显然，某种形式的技术民族主义可以说与这些技术相关联。

历史上，苏美军备竞赛经常被作为军备竞赛的最好例子，这场竞赛本质上是核武器的竞赛。美国政府在1952年开发并试验了一枚氢弹，这被视为他们与苏联不断升级的军备竞赛的起点。这两个国家的居民对核战争是否实际（或者说，可能）发生有很大的担忧。在此期间，这两个国家的国防预算大幅增加。

苏联领导人尼基塔·赫鲁晓夫（Nikita Khrushchev）充分利用了其国家的技术能力。尽管如此，技术领先和战略平衡仍然非常有利于美国。但是，美国民众认为"导弹差距"的存在有利于苏联，这反过来导致美国总统约翰·肯尼迪（John F. Kennedy）在1961年进一步提升了他们的导弹部队。在同一时期，世界差点目睹核战争，1962年10月13日古巴导弹危机期间，世界站在了核战争的边缘。① 这种走走停停的局面使当时的国防部部长罗伯特·麦克纳马拉托（Robert Mc Namarato）提出了一项相互确保摧毁（MAD）的战略。目的是通过在原子弹相互攻击时，彼此接受双方的彻底毁灭来提供一定程度的稳定性。需要多少威慑（核武器/热核武器的数量），这是一个无法回答的问题。根据双方技术官僚和政策制定者的研究，一般认为双方都不需要生产超过1600枚弹头。但到1985年，美国拥有近2万枚弹头，苏联拥有约1.1万枚弹头。人们认为突然袭击对任何人都没有好处，建造更多的导弹不符合任何人的利益。这很可能也会导致对导弹数量的某种形式的谈判，通过谈判对核弹头进行限制。在美国，人们认为MAD作为一种威慑机制是有限度的，不可能永远避免战争。[10] 这一切导致当时

---

① 1962年10月，因苏联在距离美国海岸仅145m的古巴安装核武导弹，美国和苏联陷入紧张的、为期13天的政治和军事对峙。

的超级大国之间很少启动条约机制。在限制战略武器会谈(SALT)方面确实做了一些有益的工作。有趣的是,尽管冷战结束了这场军备竞赛,但那些武器仍然掌控在美国和俄罗斯军队手中。

必须再次强调,军备竞赛没有一个完整的定义。仅仅着眼于一个国家行为的一个特定方面是不够的。军备竞赛涉及军事扩张、军备开支、竞争、联盟、领土争端、经济政策等。[11]对于量子技术,基于所有这些变量的研究可能无法进行,原因很简单,因为该技术尚未完全开发,因此量子武器仍未成为现实。因此,很明显,在没有基于量子技术的武器系统的情况下,各国无法在该领域展开直接的军事竞争。因此,应该根据冷战时期军备竞赛的动态,来评估当今涉及量子技术的军备竞赛。

从过去到现在,这种军备竞赛概念的背景,为讨论可能的量子军备竞赛提供了参考。值得注意的是,在冷战时期,两大强国之间爆发战争的可能性很大。目前,两个大国之间发生战争的可能性已经降低(当然,概率不是零),目前的军备竞赛可能不会确切地按照过去军备竞赛的模式发展。

9.2　量子技术可能导致军备竞赛

安全专家和媒体宣称量子军备竞赛即将来临,尽管这项技术主要处于发展的萌芽阶段。通常,很少有实证方法被用于分析像军备竞赛这样的问题。研究这种问题的方法主要通过原始数据收集,然后进行定量研究;然后,作为定性研究的一部分,再进行二次分析。非实证研究方法考虑观察者的反思、个体观察、知识、专长和经验。非实证方法大致可以分为两类:第一类,旨在回顾某一研究领域进展的方法(如系统性文献综述、统计分析);第二类,利用个人观察,对当前事件的反思和/或作者的权威或经验的方法(如批判性研究、编辑按语)。总的来说,人们认识到,在不同的研究领域,将经验和非经验方法结合起来进行最佳分析并不困难。类似地,可以在系统性回顾文献的基础上进行归类,然后根据经验来实证检验所做的假设。[12]问题是,我们能否采用一种结构化的方法来评估量子领域可能的军备竞赛?

显然,在现阶段不可能进行任何具体的实证分析来评估感知的量子竞赛。目前,在量子科学的研究和发展领域,少数几个国家正在进行某种形式的竞争,并快速积累。重要的是,要从理解量子竞赛可能性(如果有的话)的角度更理性地看待这些发展。在缺乏真实数据的情况下,可用于关键评估的选项非常有限。在这种情况下,进行任何此类评估都需要考虑地缘政治和地缘战略现实,并且需要进行一些"字里行间的解读"。

军备竞赛就是国家提高他们的军事力量来对抗他们的对手。在核武器领域，由于在全球范围内对技术转让实行了各种制衡，这种技术的扩散并不多。但这并没有阻止有核武器的国家增加自己的核武库。这意味着纵向扩散多于横向扩散。量子领域的情况有点不同。除了美国和中国，很少有其他国家也在量子科学领域进行大量投资，更重要的是，在这一领域，私营企业大量参与开发量子科学的各种应用。这一领域也出现了一些国际合作。冷战阶段的军备竞赛在本质上属于美-苏两极。当时，出于军事原因核技术是各国最尊崇的技术，除了核电行业，再很难找到私营企业介入这项技术的任何其他方面。然而，量子技术并非如此。

目前，在量子领域，美国和中国之间有着千丝万缕的联系。这两个国家的私营企业都在大力发展这项技术的各种应用（尤其是美国私营企业）。由于量子技术研究是在开放领域进行的，而且也有工业界的参与，因此这项技术至少在发展的最初阶段不太可能像核技术那样受到控制。因此，不能用冷战的棱镜来严格看待量子竞赛的可能性质。

进入21世纪20年代末，中美关系似乎呈现下滑趋势。断定在这个阶段他们是对手可能是不正确的，然而他们肯定也不是最好的朋友。随着拜登于2021年1月20日接任美国总统，两国关系可能有所缓和。总的来说，长期以来，在全球地缘政治舞台上，人们观察到西方大国与日本、韩国等亚洲经济大国保持一致，而中国和俄罗斯大多拥有相似的战略和经济视角，也有相似的世界观。

在过去的几十年里，中国经济和军事实力的惊人增长，让美国不得不面对一个有潜力获得超级大国地位、并取代其成为全球霸主的对手。目前，有一种观点认为：新冷战（或称为冷战2.0版）开始了。现有的中美关系与冷战时期的美苏对抗既有相似之处，也有不同之处。然而，这两个时期的地缘战略现实大相径庭，因此，需要对当前阶段的地缘政治合作和地缘政治竞争进行评估，既要基于过去的经验，又要考虑到目前的现实。

当前美国和中国之间的竞争可以从军事、经济和意识形态层面来评判。这可能与过去的美苏对抗有一些共同点。然而，可能的冷战2.0版并不是20世纪50年代冷战1.0版的简单延续。[13]与冷战1.0版时期相比，商业和经济领域存在重大差异。中国在全球经济中都留下了足迹，很难轻易遏制中国经济。多年来，中国成功地确保了一个事实：许多国家对它的依赖程度不断增加。这种依赖不只是经济，还有各种其他原因。现阶段遏制中国非常困难。中国取得了巨大的技术进步，也控制了各种类型的自然资源，如矿产。从拉丁美洲到非洲，再到亚洲部分地区，中国几乎在全球范围内都形成了影响力。更重要的是，中国是俄罗斯的朋友，俄罗斯是美国在冷战时期甚至今天的对手。人们发现，中国和俄罗斯都在确保美国在从经济到军备控制、恐怖主义到人权等一系列问题上的大部分想法,都不会在联合国层面上得到落实。由于这两个国家都是安理会常任理事国,因此,这两个国家也更容易在美国支持的各种提案中设置障碍。

中国一方面将技术作为发展的重要工具,另一方面也将其作为展示"力量"的平台。中国在全球舞台上发挥更大作用的追求越来越明显,并在国际舞台上展示着自己的价值观。

中国战略雄心的主要表现之一是发起"一带一路"倡议(BRI)。该项目于2013年启动,是有史以来任何一个国家能够设想的最雄心勃勃的基础设施项目之一。这是一项巨大的、发展和投资倡议的结合,从东亚延伸到欧洲,显著扩大了中国的经济和政治影响力。中国对数字化的重视使国家取得了非常迅速的进步。它对网络和空间技术的关注,极大地帮助了它的互联互通的项目如BRI。中国正在将地理上互联互通这种想法提升到虚拟的互联互通,并建立了一个数字型的、太空间的"一带一路"。

随着中国陆基、海基和空基核运载平台的现代化、多元化水平进一步提升,中国的核力量将在未来10年发生重大提升。中国正在通过发展有核能力的空射弹道导弹,以及提高其陆基和海基核能力来追求"核三位一体"。[1] 有人在讨论关于后冷战时代在美国和中国之间新的核军备竞赛。令人遗憾的是,最近美国退出了一些对核约束制度有直接或间接影响的重要条约机制,这不利于减少地球上的武器(常规或其他类型武器的)数量。

军备控制和减少(威胁)的条约在冷战时期发挥了重要作用。然而,冷战结束30年后,这些条约开始分崩离析。美国已经开始强调要将自己的核武库现代化、提升和扩大,他们正在寻求及时更替其武力以及核设施相关的基础设施的能力。美国和俄罗斯暂停了关于消除中程和短程导弹的《中导条约》,2019年8月,华盛顿正式退出该条约。另一个重要的《开放天空条约》机制于2002年1月1日生效。它允许非武装的空中侦察飞行正式飞越条约成员国的整个领土,以收集关于军队及其活动的信息。这样做的目的是增进相互了解,建立相互信任。美国和俄罗斯都是该条约的签署国。但俄罗斯违反了该条约,对其领土上空的某些航班实施了限制。目前,美国也在2020年11月退出了该条约。[2]

---

[1] 《中华人民共和国的军事和安全发展(2020)》,国防部向国会提交的年度报告,https://media.defense.gov/2020/Sep/01/2002488689/-1/-1/1/2020-DOD-CHINA-MILITARY-POWER-REPORT-FINAL.PDF,2020年12月21日访问。

[2] https://www.brookings.edu/blog/order-from-chaos/2020/11/19/the-looming-us-withdrawal-from-the-open-skies-treaty/ and https://www.armscontrol.org/factsheets/openskies,2020年12月21日访问。

以上的一切都表明,现有的地缘战略格局可能造成中美竞争。与此同时,两国似乎都不希望看到它们的关系走上蓄意对抗的道路,导致任何战争局面。在这种情况下,两国可能会试图在经济和技术发展等领域超越对方。中美在量子技术领域的竞争应该根据这些背景基础来看待。在目前情况下,这是一场技术开发的竞赛,最终可能导致采用量子技术开发武器。地缘战略现实确实表明,随着量子技术的成熟,两国必然会将自己的新发现应用到军事领域。因此,有必要批判性地分析中美之间的量子技术竞赛的意义。

9.3　中美量子技术竞赛

中国的国防政策旨在捍卫其主权、安全和发展利益。中国的军事战略仍然基于"积极防御"的理念。然而,在中国国家战略的背景下,中国很可能尽力争取,在2050年前,发展出类似或优于那时的美国军队的军事力量。根据多种迹象,并考虑到美国和中国在核领域的优势,可以说,在不久的将来,核领域不会发生太大的变化。它们不太可能削减它们的核武库,而是会利用新兴技术来改善核武库的整体核架构。然而,迄今为止,中国在量子技术领域取得的成功证明,它有理由提高自己的能力,从而迫使美国认可这场量子技术竞赛。只有时间才能证明这项技术是否会成为一种替代的威慑机制,但美国和中国等国家肯定会朝着这个方向努力。

众所周知,中国在科技领域取得了显著的进步,并明显削弱了美国的霸主地位。[17]中国理解量子技术对其经济和军事的战略重要性。许多分析人士、研究人员、政治家和军事领导人都认为,美国已经认可了(美国在量子技术领域做得还不够多)中国在量子技术研究的许多领域处于领先地位。一旦量子技术成熟,它将对我们生活的几乎每个方面产生深远的影响。中国在量子技术领域的领先地位,也可能使未来的战略军事平衡朝有利于它的方向倾斜。

中国正在积极加快量子技术研究的步伐。尤其是,2016年,习近平主席为中国确立了国家战略——成为一个科技自立自强的国家！此后,中国的做法似乎更侧重于超越美国,成为全球高科技领导者。开发数十亿美元的量子计算大型项目,并期望在2030年前实现重大量子技术突破,似乎是朝着实现技术优势迈出的一步。政府领导层还承诺,斥资数十亿美元建立量子信息科学国家实验室。这个实验室最终可能会成为量子技术研究的全球中心,以及吸引未来量子技术研究人才的磁石。另外,美国政府与科技巨头——国际商业机器公司(IBM)、谷歌(Google)和微软(Microsoft)——合作,似乎在量子计算领域仍保持领先地位。中国目前在量子通信方面可能领先于美国,这与他们早期的投资密不可分。

美国继续在量子计算领域保持强大的领先地位,其他重要中心包括加拿大、英国、欧盟、澳大利亚、新加坡和以色列。2018年12月,美国政府宣布在5年内为量子信息科学拨款12亿美元。这笔资金将用于《国家量子倡议法案》(NQI)[①],并将分配给从事量子项目的各个国家机构。

美国能源部(DOE)在2019年成立了国家量子倡议咨询委员会,主要负责执行《国家量子倡议法案》。该委员会有22名成员,他们向总统、能源部部长和国家科技委员会量子信息科学分会就NQI相关的议题提供建议和意见。建议包括评估量子信息科学和技术的趋势和发展、NQI的实施和管理、NQI的活动是否有助于保持美国在这一领域的领导地位、建议方案修订(如果有的话)、国际合作的可能机会和开放标准,以及检查NQI是否充分考虑了国家安全和经济等因素。[②] 能源部已经宣布为量子研究提供8000万美元的资金。专家们认为,虽然这些都是积极的行动,但与中国在量子研究方面的巨额投资相比,还是小巫见大巫。

长期以来,中国一直专注于量子通信,并且在量子计算领域也取得了不错的进展。中国科学技术大学的一个团队在量子计算方面取得了重大突破。[③] 据报道,2020年,中国的量子计算超越了谷歌的,这是中国占据量子优势的里程碑。中国使用了一种完全不同的技术来实现这种优势,这表明可能有各种选项来占据量子技术优势地位。中国已经建造了一台量子计算机,其运算速度比世界上最强大的超级计算机快近100万亿倍。中国科学界声称他们的样机比谷歌的计算机快100亿倍。[18]

中国的"九章"量子计算系统可以实现比世界上最快的计算机更大规模的高斯玻色子采样,比谷歌的量子计算机处理速度快100亿倍,众所周知,谷歌的量子计算机可以在200s内完成目标计算,而世界上最快的超级计算机可能需要1万年才能进行类似的计算。想象一下,中国正在超过这个速度100亿倍!有趣的是,中国不仅在与量子科学相关的项目上投入巨资,还提高了他们量子科学

---

① 《国家量子倡议法案》(NQI)于2018年12月21日签署成为法律。该法案为美国制订了推进量子技术,特别是量子计算领域的计划。

② 《国家量子倡议咨询委员会成立》,2019年9月11日发表,https://www.federalregister.gov/documents/2019/09/11/2019-19640/establishment-of-the-national-quantum-initiative-advisory-committee,2020年12月22日访问。

③ 它是通过使用名为"九章"的量子计算机样机在短短200s内执行高斯玻色子采样(GBS)计算实现的。

家的地位,量子科学家的成就在中国得到了广泛的宣传,他们的照片和实验成果因上了各种各样的国内和国际杂志封面而广为人知。现在的问题是,中国的量子技术优势能否帮助它打破银行服务、关键基础设施和消息平台的加密控制。预计未来的量子计算机可能会打破大多数传统的公钥密码,将能够破坏90%现有互联网和网上银行安全性。[19]显然,对于美国和世界各国来说,受到挑战的不仅是军事安全,还有经济安全及其他领域的安全。利用量子计算机的能力解密敏感数据,这种能力将是未来的关注点。量子计算的优势将造成国家(或私人机构)能够破解公钥密码系统,损害互联网协议的可靠性。事实上,所有这些都将构成对数据安全的重大威胁,从而引起人们的关注。中美两国都明白,率先获得这种能力的国家将拥有重大军事优势。

在研究资金方面,有许多不同的观念。据观察,总的来说,主要是美国最近的预算拨款在科学、技术、研究和创新领域不够宽松。然而,对于一些先进技术,政府给予了合理的预算支持。2021财年预算,确实对未来一些行业的研究资助非常慷慨,如人工智能、量子信息科学、5G/先进通信、生物技术和先进制造。该预算为量子技术拨款近50亿美元,其中2500万美元用于建设连接17个国家实验室的量子互联网。这一预算提案表明了行政当局的许多优先事项。量子计算和通信等领域成为预算优先领域,原因很简单,政府认为量子研究对国家安全是必要的。中国是第一个在量子技术领域实现里程碑成就的国家,比如发射了第一颗量子科学卫星,再如建成了连接两个主要城市的量子网络。此外,中国正在建设世界上最大的量子实验室。美国已经意识到,两国之间的长期的战略竞争再次出现,这正在迅速成为现实。此外,有人猜测,可能的量子军备竞赛将改变战争的性质。[20]中国在量子技术领域的进步似乎是有条不紊和深思熟虑的。2015年后,很少有中国大学急于申请量子技术用于加密方面的专利。总的来说,中国在国际专利申请方面接近美国。① 目前,中国和美国已经占据了量子优势地位,中国可能会制造出更快的计算系统。本质上可以说游戏才刚刚开始,即将到来的投资模式、技术突破和富有远见的领导的支持将决定量子计算的未来。

中国核心领导层认识到了量子科学和技术在经济和军事层面上提升国家实力的战略潜力。[21]中国在量子技术方面的雄心壮志在美国引发了一个类似于1957年苏联卫星成功发射时的"人造卫星时刻",那时的竞争最终引发了登月竞赛。在技术领域,以前中国可能被视为一个追赶者。但是,现在情况不再如此,中

---

① 《忘记贸易战,中国希望赢得计算军备竞赛》,2018年4月9日发表,https://www.newequipment.com/industry-trends/article/22059838/forget-the-trade-war-china-wants-to-win-the-computing-arms-race,2020年12月23日访问。

国奋起直追,这实际上造成了美国的夜不能寐,美国担心自己会失去其技术优势。

中国雄心勃勃地支持各种技术项目,与此同时,近年来,美国已经力不从心,退回到了"被动模式"——科学领域的预算不断减少。早在20世纪60年代,美国联邦政府提供的研发支出约占总研发支出的2/3,其余主要来自私营机构。但近几年来,投资已经弱化,在2021财年,除了特朗普总统为量子项目提供预算,美国并没有对创新做出重大推动。中国却在迎头赶上,从资金到创新,几乎所有行业都是如此。美国的主流观点是,市场可以做所有事情,政府没有任何作用。但这对于量子科学来说是站不住脚的,量子科学可能是一门连火箭科学都难以望其项背的学科。在美国,人们似乎过于关注工业,而不是科学。美国企业的研究不包括太多基础研究,实际上,基础研究才能产生最大限度的、长期的回报。与此同时,美国企业的成功也不容忽视,比如说谷歌,但它们仍然有局限性。最后,美国军方过去曾主导了互联网等改变世界的技术,现在可能会在量子计算中发挥关键作用。美国对非机密军事研发的资助总体上保持稳定,也有可能资助机密量子计算机研究。[22] 美国的底线是,需要在中国之前取得成功,发展道路可以形形色色,从私营机构到军事行业。

量子技术的进步会循序渐进。投资模式决定了其进展。一旦出现一些令人信服的成功,那么预计这两个国家将开始调整开发量子武器的技术。这可能会在这个领域引发一场"华山论剑"。真正的挑战是将量子技术用于军事。在这方面处于领先地位的国家将具有更大的战略优势。这是因为,拥有军用级量子技术的国家将直接与对手抗衡各种作战技术。例如,量子密码学的重大成功将使对手的各种情报收集平台变得多余。量子通信实际上是防篡改的,军事电信向量子网络的过渡,将使当前的监控技术黯然失色。量子雷达技术的成熟,将使航空电子设备中使用的隐身技术毫无意义。量子技术还有望为军方提供探测潜艇的能力。[23] 量子计算机可能对生命科学研究和医学研究有很大帮助。战场上的医疗挑战不同于控制疾病的常规医疗。为了保持军队的战斗力,需要采取一些积极的措施。如果基于量子的数据处理系统成为必然,个性化医疗的设想就有可能成为现实。因此,无论是在和平时期还是战争时期,量子技术对军队都大有裨益。目前,美国和中国的机构正在研究量子技术的各种特性,这些特性在军事领域上展示出广阔的前景。当然,这个过程不会一蹴而就。

中国当前的投资性质和取得的进展表明,他们意识到量子技术的研发是一项耗时的工作,将把量子研究视为一种长期的努力。他们并没有试图快马加鞭式的行动,而是以一种非常有条不紊的方式取得进展。根据目前的情况推断未来的资金模式,到2030年,中国的研发支出可能会超过任何其他国家。如果美国必须继续参与竞争,那么他们必须大幅增加量子技术研究的资金。

专家认为,特朗普提出的在 5 年内为国家量子计划提供 12 亿美元量子资金的倡议并不充分。他们认为这是防御性投资,无助于抵消中国的领先优势。有人认为,一架 F-35 战斗机的生命周期维持成本为 1.12 万亿美元。特朗普政府为量子研究提供的资金少得可怜,即便增加到 3 倍,仍然不到一架 F-35 战斗机终身维护成本的 1%！此外,尽管国防高级研究计划局专注于量子和其他高科技项目,但仍然没有足够的预算支持。该机构的研究经费在过去几年里大约下降了近 5%。与此同时,中国的高技术资金却大幅增加。[23]

总的来说,美国对研发的资助占国内生产总值的百分比在过去几年里持续大幅下降。研发资金的产业投资继续增长,但显然其重点是为商业化服务。众所周知,自第二次世界大战以来,美国在创新、研究和技术发展方面一直领先世界,但这种领先地位现在面临挑战。如今,美国也可以将自己的基因组研究成果推广到其他研发领域。前瞻性地给基因组研究的投资带来了许多创新,也创造了很多就业机会和经济机会。对量子领域基础研究的新一轮支持可能会带来类似的经济和军事利益。[24] 今天,美国需要在量子领域发力。然而,对于重大投资,美国政府将要求私人投资者分担压力。

人们发现,中国长期以来一直在科技领域进行系统的投资,确保了中国精通科学、技术、工程和数学的劳动力快速增长。而美国正面临国防研发领域专家缺乏的问题。中国提出了三项旨在提升创新能力的产业政策文件:《国家集成电路产业发展推进纲要》(2014 年)、《中国制造 2025》和《新一代人工智能发展规划》。中国对建立本土集成电路产业进行了大量投资,希望减少对美国、韩国供应商的依赖,目标是生产中国自己行业所需芯片的 70% 左右。中国正专注于一些主要技术的研究,以进一步实现技术自主创新。人们发现,中国正在缩小与美国的技术差距,即使不是全部,但在几个重要的技术领域都有所突破,他们在人工智能、机器人、储能、5G、量子信息系统和生物技术方面都取得了重大进展。在以上提到的每个领域,中国都提出,要成为一个创新的参与者。① 所有这些都表明,中国在技术发展领域,特别是量子技术领域的进步是有条不紊的,目前看起来还领先于美国一点。

同样重要的是要记住,明天的量子技术竞赛可能不会仅局限于美国和中国之间。目前也在投资开发这些技术的其他国家较少,然而,由于大国政治和军事利益,可以说,量子技术竞赛可能仅会发生在少数国家之间。

---

① 《创新与国家安全:保持优势》,独立工作组报告第 77 号,2019 年 9 月发表,https://www.cfr.org/report/keeping-our-edge/findings/,2021 年 1 月 11 日访问。

9.4 量子技术竞赛：一个广阔的赛场

量子技术目前正在发展中。关于美国和中国之间量子军备竞赛的可能性，人们争论不休。这种讨论的理由主要在于当今的地缘战略现实。这是基于对未来战略现实的认知和探索。这两个强国之间的技术竞赛是显而易见的。此外，这两个国家在从经济、环境到人权等一系列问题上存在分歧。因此，尽管量子武器尚未成为现实，但关于这些大国之间可能的量子军备竞赛的辩论已经开始。很少有其他国家为建设军事基础设施进行重大投资，尽管这些国家也可能有兴趣利用量子技术开发武器系统。此外，其中一些国防投资适中的国家也有可能对这类武器感兴趣，因为量子武器可能为这些国家提供一些抢占先机的军事优势。

目前正在试验这些技术，并且已经建立了完善的军事工业综合体系的国家将来可能会开发这些技术，并在未来将其用于军事用途。他们会对扩大量子军备竞赛的可能性负责吗？这个问题的答案可能取决于某个民族、国家的政治战略考量。预计在赤裸裸的量子军备竞赛开始之前将首先发生量子技术竞赛，即使是在美国和中国之间也是如此。目前，世界各地的政府和商业公司都在大力投资，推动量子科学的研究和创新。在某些领域，他们的技术已经成熟到几乎可以开发样机。由于每个机构都试图首先打破技术壁垒，可以说某种形式的技术竞赛已经在发生。在这场竞争中，私营企业也已经争先恐后，互不相让。在某些情况下，各国正与私营机构合作开发量子技术。

在本书的第三部分，讨论了一些关于少数国家的投资和项目的重要细节。除了这些国家，其他国家和私人机构很少参与量子研究。除了美国和中国，俄罗斯、以色列、印度、韩国等国家及其他少数国家可能对量子技术的军事用途感兴趣。出于经济利益考虑，私营机构也可能对开发与军事相关的量子技术感兴趣。相应地，政府有可能将量子相关技术的研发外包给这些私营机构。

目前，除了像英国和德国这样的主要欧洲国家，瑞士、芬兰、荷兰、丹麦、新加坡等许多小国，以及像阿联酋和伊朗这样的亚洲国家都在量子计算和应用等领域投入巨资。其中一些国家的这种投资可能没有任何具体的军事意图，但可以肯定的是，所有这些国家的投资都是为了确保在其他国家之前取得重大成功。或许，这可以被视为一场技术竞赛，以获得早期的经济优势，并可能在以后获得战略优势。

因此，主要从技术竞赛的角度来看，可以看出，这少数几个国家的投资很重要。瑞士自 2000 年就开始推动量子科学的发展。瑞士国家科学基金会一直在支持量子科技发展。国家科研能力中心"量子科学与技术"分中心由来自瑞士各地不同机构的 34 个研究小组组成。在这里,5 所大学和 IBM 研究分部正在共同研究必要的基础知识。自 2011 年以来,该中心为各研究团体创造了一个成功的合作和跨学科研究环境。瑞士研究人员在这一领域获得了欧洲研究委员会颁发的一些著名的欧洲研究委员会(ERC)捐赠。学术界和工业界的合作伙伴都在致力于实现对第二次量子革命的承诺。一些成功的私营公司也在这一领域捐赠投资,如 idQuantique,还有几家初创公司,如 Qnami、ProjectQ、MicroRsystems 和 IRsweep。此外,苏黎世仪器公司或 Specs Zurich 等公司也积极与量子技术研究人员合作,开发控制量子系统所需的产品。在 IBM 苏黎世研究实验室,研究人员正与学术合作伙伴合作,制定了长期规划——致力于构建大规模通用量子计算机。预计量子技术将为在纳米技术和计算技术等其他领域运营的各种瑞士公司带来巨大的市场机会。[25] 瑞士因其对创新和研究方法积极主动而闻名。国家通常会为重要的科学发展提供充足的预算支持。此外,他们还拥有全球公认的工业体系,工业体系也包括信息技术领域的核心机构。瑞士的国防和安全部门已经成立,并且正在快速发展。瑞士航空航天和国防工业基地拥有广泛的能力,其私营企业在研发中发挥着重要作用。这些企业开发了一系列技术,包括指挥、控制、通信、计算机、情报及监视与侦察(C^4ISR)系统和加密系统。瑞士很可能会考虑利用量子技术来扩大其国防工业体系。

众所周知,以色列正在采取措施,通过投资量子技术来确保其军事实力。2018 年,以色列国防部宣布在 6 年内将投资 1 亿新谢克尔(合 3.5 亿美元)于一个专注于量子计算的创新研究基金。该项目是由以色列国防部武器和技术基础设施发展管理局(MAFAT)、高等教育委员会和以色列科学基金会共同发起的。预计这些投资最终将帮助以色列提高情报收集能力。这些官员声称,他们的科学界知道如何为国防机构面临的复杂挑战提供创造性的解决方案。由于以色列在网络空间领域已经出类拔萃,现在它正在将量子技术视为实现其战略目标的工具,即成为全球国防市场的重要参与者。[1]

以色列政府为此成立了一个特别委员会,进行系统分析,以了解量子技术的重要性。纵观主要国家全球投资的性质,人们认识到,就量子技术实力而言,以色列应确保与全球发展不会产生不可逾越的差距。有一种观点认为,以色列应该利用其比较优势,开发不需要巨额预算的量子计算和外围硬件应用程序,从而

---

[1] 《以色列加入量子超级大国竞赛》,https://www.insidequantumtechnology.com/news/israel-joins-quantum-superpower-race/,2020 年 12 月 25 日访问。

成为一个"门槛国家"（threshold country，即某一领域水平不是顶尖，但勉强可以入围的入门国。——译者注）。他们感兴趣的其他潜在领域包括量子传感和量子材料。[26]以色列明白，作为一个后来者，他们不可能成为量子计算的全球领导者。但为了更好地理解这个领域和获得经验，也为了确保任何可能的技术不会对他们造成不良后果，他们似乎也需要加入量子技术竞赛。

对大多数中东国家来说，对量子技术研究方面的投资根本不是优先事项。除了以色列，很少有来自中东和邻近地区的其他国家对量子技术的发展进行重要投资。沙特阿拉伯、阿拉伯联合酋长国和伊朗伊斯兰共和国声称他们对量子技术感兴趣。这些国家享有建立国际技术伙伴关系、投资和优先关注创新的必要条件。然而，根据这些国家的地缘政治考量，进行此类投资，优先次序可能会有所不同。石油工业控制着海湾国家的经济，因此，这些国家最初投资量子技术的重点肯定是这些技术在能源领域可能的应用。多年来，伊朗已经适当地发展了它的科技体系架构，然而，他们对量子技术的兴趣预计也会偏向于国防。

无论如何，以色列完全有可能最终利用其在量子计算和通信方面的专业知识来满足自己的军事需求。此外，它们可以利用这些技术来促进他们的国防工业建设。然而，沙特阿拉伯、卡塔尔和阿联酋等海湾国家可能会以不同的关注点加入这场量子技术竞赛。他们都在各自国家成立了量子计算研究小组，目标是作为创建一个能力建设生态系统的第一步。只有在获得一些技术突破后，他们才可能采取进一步的措施，如生产和销售等。

所有这些海湾国家在这一领域都起步较晚。可能从全球经验中学习后，他们才会系统地采取措施，发展量子研究的架构。沙特阿拉伯确实委托了一个机构，为采取下一步措施编制了一份报告。他们更专注于量子计算的研究。沙特阿拉伯的阿卜杜拉国王科技大学（成立于2009年）以拥有非常现代化的研究设施而闻名，该大学已经做好了进行量子计算研究的准备。2019年，这所年轻的大学被评为全球上升第八快的大学。

沙特领导层意识到，缺乏知识产权和技能的国家和公司将无法在量子计算的未来发挥有意义的作用。尽管如此，政府不应该袖手旁观，必须及时投资，至少在这个领域获得一些立足点。意识到开发量子计算机的硬件非常困难（即使是全球主要的参与者也发现这很困难），沙特阿拉伯决定在这项技术的其他方面进行合作。他们的合作重点是量子计算即服务（QCaoS）机会，并优先发展量子计算软件和服务能力。政府还在促进学术机构和私营部门之间的合作。沙特阿拉伯的阿美石油公司旨在成为世界领先的数字化能源公司，该公司已经在探索各种数字化技术，以追求发展的可持续性、效率和安全。该公司也非常关注量子技术。① 必须指出的是,沙特阿拉伯正致力于推进一项雄心勃勃的石油经济多元化方案,量子技术可能成为这个多元化方案的一个重要组成部分。

阿联酋已经建立了量子计算研究组。该组织领导着一项多学科的研究工作,致力于量子计算机及其创新技术应用的理论和实践发展。这个组织设在哈利法大学,与学术界和工业界都有联系。成立这个组织的目的是在阿联酋取得量子计算及其创新应用领域的国际公认的研究成果。理论和应用领域的研究重点是开发通信协议,以提供安全通信、高效大数据分析、增强成像、机器学习和人工智能、材料科学和高效能量收集。

他们正在通过与全球科技巨头建立重要的合作伙伴关系来推进他们的量子议程,并通过与加拿大 D-Wave 系统公司和微软公司等一些超重量级大咖在量子计算方向的合作而获得回报。2018 年,迪拜水电局与微软合作,设立了第一个数据密集型量子计算培训项目。该项目侧重于采用最新技术,并受益于量子计算在应对能效和优化挑战方面的能力。该工作目的是开发基于量子计算的新解决方案,用于能源和水的生产、运输和分配,以及相关的维护工作。此外,还努力寻求量子计算可以处理的、其他可能的任务。

迪拜是美国以外第一个参与此类项目的国家。这表明,阿联酋正在采取前瞻性的方法,将其经济重心转移到石油部门以外。迪拜水电局还与加拿大量子计算公司 D-Wave 系统公司建立了合作关系,为该地区带来了第一台量子计算机,该计算机将设置在迪拜的未来博物馆。阿联酋也在资助美国的与量子研究相关的初创企业,其中的一项重大投资包括美国量子计算初创公司 IonQ 公司。该公司在一轮融资中筹集了 5500 万美元,由三星电子和阿联酋政府支持的风险基金牵头。②

得克萨斯农工大学卡塔尔分校的科学计划有一个项目,旨在更好地了解量子纠缠如何影响量子密码通信。另一个项目研究量子干涉测量应用,探索了一种先进的新技术,利用量子干涉测量和相干的概念进行精密测量和传感。③

在过去的几十年里,伊朗的科学领域有了长足发展。人们还发现,他们有兴

---

① 关于中东的讨论基于《一个勇敢的新数字世界》,2020 年 5 月 25 日发表,https://www.oilfieldtechnology.com/digital-oilfield/25052020/a-brave-new-digital-world/,2020 年 12 月 12 日访问;文献[27];《沙特阿拉伯如何加入量子计算竞赛》,这份报告(2020 年)受沙特阿拉伯王国(KSA)通信和信息技术部(MCIT)委托,https://www.mcit.gov.sa/sites/default/files/qc-en.pdf,2020 年 1 月 5 日访问。

② https://www.ku.ac.ae/quantum-computing-research-group/#1536819664009-49696e8b-690602fa-3dc75d2c-41ae 和 https://u.ae/en/about-the-uae/science-and-technology/quantum-computing-in-the-uae,和文献[27],以及 https://gulfnews.com/technology/samsung-uae-funds-lead-55m-investment-in-quantum-computer-start-up-1.67307488,2021 年 1 月 15 日访问。

③ https://www.qatar.tamu.edu/programs/science/research/current-research,2021 年 1 月 13 日访问。

趣将工业与其科技结构联系起来。1984年，伊朗成立了创新和技术合作中心（CITC）。这是一个由伊朗总统指挥的自治政府性质的中心。

如今，伊朗也在量子技术竞赛中争夺一席之地，并希望在中东的量子技术设施和专有技术方面占据领先地位。伊朗已经在2015年左右开始这一领域的工作。随着《联合全面行动计划》（JCPOA）的签署，并随着国际上减轻对其技术转让的压力，伊朗可以开始将工作重点放在这一新兴的科学分支上。此外，该协议的签署为伊朗与致力于核能的高技术开发的欧洲原子能共同体（Euratom）合作打开了大门。然而，随着特朗普总统的掌权和美国退出JCPOA，可能会给伊朗的工作造成一些障碍。现在情况可能会改变，因为拜登已经接任美国总统。

伊朗与欧洲国家在量子技术领域合作的确切性质不太清楚。伊朗原子能组织（AEOI）可能是参与伊朗量子工业建设谈判的主要机构。到目前为止，也许更多的是作为一种本土活动，伊朗已经成功地创建了国内第一个配备量子技术研究设施的实验室，并正在进行其第一个光子纠缠实验。他们还声称，他们在该地区拥有最先进的量子信息科学项目。

众所周知，自2000年以来，伊朗各大学开展了量子物理学领域的学术活动。首先，为了方便规划，量子技术主要被细分为5个分支，包括量子计算机和测量、量子信息和通信、模拟、传感器和生物领域。到2017年，政府出台了量子技术发展文件。基于此，基础设施创建过程开始了，现在高级实验室正在建设中。此外，确定和实施战略项目的进程已经完成。人员培训是一个持续的过程，当地大学有责任确保这一点。伊朗科学家在全球知名期刊上发表了一些重要的研究论文。以伊朗科学家和工程师在量子领域的见解，预计会做得很好，因为他们在本国已经掌握了大量的量子科学相关知识。伊朗最顶尖的成果包括纠缠光子和开放空间量子编码。其他项目也正在实施，如地面光纤环境量子编码、量子导航、计量和雷达、模拟、原子钟和量子生物学。目前的优先事项为处于国家综合科学计划的背景下的技术。预计AEOI将为进一步扩张划拨财政资源。

伊朗有两个领先的量子研究小组，谢里夫大学量子信息小组和伊朗科技大学量子电子学实验室。2017年，第一届全国量子技术大会在德黑兰举行。事实上，第一届国际伊朗量子信息会议（IICQI）于2007年9月在基什岛（伊朗南部沿海）举行。第一次会议介绍了量子信息科学理论研究和实验研究的最新发展。迄今为止，甚至已经举行了7次这样的会议，最后一次是在2020年（在线会议）。谢里夫理工大学组织了这些会议。

伊朗相信，他们在量子物理领域有着光明的未来，他们正在建设更多的研究中心和实验室,鼓励年轻的伊朗人进入这个领域。伊朗原子能组织(AEOI)的科学家已经成功地进行了光子纠缠实验,主要的量子物理实验室也在筹建中。2020年年底,伊朗开始了AEOI中心园区和米拉德塔(Milad Tower)电信层之间的开放空间量子密码项目的第二阶段,重点是发送纠缠光子和量子密码。还有其他一些令人鼓舞的进展,这可能会提升伊朗的研究能力。在2021年1月的第一周,在美国政府允许微软在伊朗的这家公司免受制裁后,GitHub公司在伊朗已经满血复活。[①] GitHub是微软的子公司,该公司使用Git为软件开发和版本控制提供托管服务。这种平台对量子领域的软件开发非常有用。

不考虑俄罗斯的情况,任何关于量子(技术/军备)竞赛的讨论都不会完整。事实上,俄罗斯(苏联的最佳代表)和美国是冷战时期仅有的两个有军备竞赛"经验"的国家。目前,俄罗斯的量子技术已被列入国家技术倡议方案和数字经济国家方案框架内、具有战略重要意义的交叉学科研究方向的清单。总体而言,俄罗斯专注于量子计算和模拟、量子通信、量子计量和传感等应用。

俄罗斯的量子研究得到了政府和工业界的支持。2010年,在斯科尔科沃基金会地区成立了俄罗斯量子中心(RQC),这是一家从事现代量子物理技术基础和应用研究的私人研究机构。通过该国最大的银行之一——俄罗斯天然气工业银行股份公司(Gazprombank)的竞争制资助和私人投资,该中心筹集了大约4000万美元的资金,用于量子领域研究。2014年,喀山国立技术大学旗下的喀山量子中心成立。此外,在2017—2018年期间,俄罗斯创建了两个国家技术倡议(NTI)中心,即莫斯科国立大学的NTI量子技术中心(QTC·MSU)和国立科技大学的NTI量子通信中心,这是俄罗斯政府支持量子技术方案的一部分。这些卓越中心得到俄罗斯联邦科学和高等教育部与俄罗斯风险投资公司的支持,预算支持约为3500万~4000万美元,每个中心为期5年。量子技术的各种基础研究项目得到了俄罗斯基础研究基金会(RFBR)、俄罗斯科学基金会(RSF)和俄

---

① 《关于伊朗的讨论基于伊朗伊斯兰共和国选定的技术成就摘要》,2012年7月发表,CITC出版物,第7页~第9页;文献[27];http://iicqi. sharif. edu/events/iicqi-20,https://developer-tech. com/news/2021/jan/08/github-restored-iran-us-gov-permits-sanctions-exemption/"Iran to conduct 2nd phase of quantum cryptography experiment",2020年10月26日访问;https://en. mehrnews. com/news/165183/Iran-to-conduct-2nd-phase-of-quantum-cryptography-experiment,https://developer-tech. com/news /2021/jan/08/github-restored-iran-us-gov-permits-sanctions-exemption和《伊朗将在一年内首次开放量子物理实验室:伊朗原子能组织总部》,2019年9月16日访问;https://www. quantaneo. com/Iran-to-open-first-quantum-physics-lab-in-a-year-AEOI-head_a226. html和《综合科学计划会议中描述的量子技术》,2020年10月5日访问;https://www. iranwatch. org/library/governments/iran/atomic-energy-organization-iran-aeoi/quantum-technology-description-comprehensive-science-plan-session,2021年1月14日访问。

罗斯联邦科学和高等教育部方案的支持。主要的重点似乎是开发会催生随后的商业化及创造新的教育方案的相关技术。在量子计算领域，俄罗斯已经启动了开发基于超导电路、中性原子和光子的量子计算设备的合作项目。俄罗斯高级研究基金会和罗莎姆（Rosatom）公司也提供了额外的资金。此外，Megagrants 计划（美国电子游戏公司 Epic Games 公司设置的一项资助计划。——译者注）也提供了一些资金。

目前，俄罗斯制定了一个量子技术发展的 5 年路线图，作为数字经济国家计划的一部分。量子技术被列入国家数字经济计划的 9 个交叉学科方向名单。对于俄罗斯来说，量子技术在这份清单中扮演着独特的角色，因为量子技术被寄予厚望，这种技术能够支持采购、安全通信和数据处理的深入开发。该计划的主要目标是将正在进行的研究活动合并为四个部分：

① 量子计算和量子模拟；② 量子通信；③ 量子计量和量子传感；④ 使能技术。有许多来自领先研究机构的专家参与了俄罗斯的量子计划。很多机构相信，通过支持这份量子计划，它们也在为国家的战略优先事项做着贡献。按照官方观点，开发量子技术的目的是帮助国家机构、金融机构和各行各业。尤其需要指出，对量子信息处理、量子机器学习和量子通信感兴趣的包括 Rosatom 公司、Rostech 公司、Rostelecom 公司、俄罗斯银行、俄罗斯天然气工业银行股份公司、俄罗斯联邦储蓄银行和其他机构。3 家国有公司已向俄罗斯政府做出承诺，支持特定领域的发展：Rosatom 公司负责量子计算，俄罗斯铁路公司负责量子通信，Rostech 公司负责量子传感和计量。

俄罗斯的发展重点是量子计算。Rosatom 公司正在建造一台量子计算机，并且已经大量投资，目前已超过了 4 亿美元。该计划由俄罗斯量子中心的团队牵头，目标是到 2024 年提升量子技术的发展水平。俄罗斯也希望建立新的、强大的国际合作。这个项目的整个路线图已经得到俄罗斯政府的批准。该项目将重点开发 4 种不同类型的量子处理器（基于超导体、中性原子、光子芯片和囚禁离子）。该项目的另一个任务是创建一个用于访问量子计算的云平台。[28] 俄罗斯尚未正式谈及这项技术与军事的相关性，然而，该计划极有可能与国防方面的特殊利益密不可分。

9.5 目前量子技术竞赛的动力

抢占先机可以被看作一个战胜对手的过程，这个超越对手的过程可能涉及各种行动。各国可以将技术优势视为这样一种行动，这可以让他们向对手发出一个信息,表明它们有可能在经济和军事上占据主导地位。这样做的主要目的可能是让竞争对手不舒服。今天在量子领域所见证的就是这种不适。每个人都知道量子技术对未来影响深远,预计这种技术将颠覆现有的计算和通信系统,也可能会对各种民用和军事实践产生连锁影响。

21世纪,中美关系在多个领域都出现了分歧。目前,他们彼此可能还不会视对方为势均力敌的主要竞争对手,但确定无疑的是这两个超级大国间的竞争已经开始。只有时间才能证明他们的竞争是否有潜力深刻地重塑国际体系。在量子技术领域,这两个国家都在进行大量投资,尤其是美国的私营机构,也在研发中发挥着重要作用。这两个国家都渴望成为这一领域的领导者。抢占未来量子技术市场,其经济利益显而易见。然而,重要的是,对于军方来说,这些技术有着与生俱来的优势:一旦得到充分开发,它们将在很大程度上颠覆现有的军事架构。这两个国家都有可能尝试为军方开发量子科学的各种应用。虽然目前可能还不能实现,但随着量子技术的成熟,这些国家很可能会开始推动所谓的量子武器开发。届时,真正的量子军备竞赛将拉开序幕。

有必要区分量子技术竞赛和量子军备竞赛。可能会有许多参与者(包括公共的和私人的参与者)正在量子领域寻求突破。因为这些年来,这项技术仍处于发展的初级阶段,因此许多人认为,如果它们首先成功,那么在经济上就可以获得重大优势。在一些大国中,目前主要开展的还是科技竞赛,而不是军备竞赛。

参考文献

[1] Gray C S(1971)The arms race phenomenon. World Polit 24:40

[2] Evangelista M(1986)Case studies and theories of the arms race. Bull Peace Propos 17(2):197-206

[3] Glaser C L(2000)The causes and consequences of arms races. Annu Rev Polit Sci 3:251-276

[4] Craig A,Valeriano B(2016)Conceptualising cyber arms races. In:Pissanidis N,Rõigas H,Veenendaal M (eds) 2016 8th international conference on cyber conflict cyber power. NATO CCD COE Publications, Tallinn. https://www.ccdcoe.org/uploads/2018/10/Art-10-Conceptualising-Cyber-Arms-Races.pdf

[5] Perlo-Freeman S,Arms race. https://www.britannica.com/topic/arms-race. Accessed 13 December 2020

[6] Smit W A(2001)Science,technology and the military. In:Smelser NJ,Baltes PB(eds)International encyclopedia of the social & behavioral sciences,December,pp 13698-13704

[7] Glaser C L(2004)When are arms races dangerous? Rational versus suboptimal arming. IntSecur 28(4):81 (Spring)

[8] Huntington S P(1958)Arms races:prerequisites and results. Public Policy 8:41-86

[9] Edgerton D E H(2007)The contradictions of techno-nationalism and techno-globalism:a historical perspective. New Global Stud 1(1)

[10] Swift J(2009) The Soviet-American arms race. History Rev(63)(March). https://www.historytoday.com/archive/history-review/issue-63-march-2009. Accessed 10 December 2020

[11] Roff H M(2019) The frame problem:the AI"arms race"isn't one. Bull Atomic Scient 75(3):97

[12] Dan V(2017) Empirical and non-empirical methods(Jan 01). https://www.researchgate.net/publication/309922961_Empirical_and_Non-Empirical_Methods/citation/download. Accessed 17 December 2020

[13] Paszak P(2020) China—USA. The Cold War 2.0? (Oct 29). China—USA. The Cold War 2.0? Warsaw Institute. Accessed 22 December 2020

[14] Cha V D(2012) Ripe for rivalry(December 13). https://foreignpolicy.com/2012/12/13/ripe-for-rivalry/. Accessed 14 October 2020

[15] Chatzky A, McBride J(2020) China's massive belt and road initiative(Jan 28). https://www.cfr.org/backgrounder/chinas-massive-belt-and-road-initiative. Accessed 23 December 2020

[16] Kosaka T(2020) Arms race for peace? US ups the ante to bring China to table(July 12). https://asia.nikkei.com/Politics/International-relations/Arms-race-for-peace-US-ups-the-ante-to-bring-China-to-table. Accessed 21 December 2020

[17] Costs D R(2019) "Worldwide threat assessment on intelligence community", statement given to the Senet Select Committee on Intelligence(Jan 29). https://www.dni.gov/files/ODNI/documents/2019-ATA-SFR—SSCI.pdf. Accessed 30 November 2020

[18] Cuthbertson A(2020) China achieves quantum supremacy in major computing breakthrough(Dec 04). https://www.independent.co.uk/life-style/gadgets-and-tech/quantum-computing-china-us-b1766133.html. Accessed 25 December 2020

[19] Jay J, Is China's quantum supremacy a threat to data security? https://www.teiss.co.uk/china-quantum-supremacy-threat/. Accessed 25 December 2020

[20] Lindsay J R(2020) Why is Trump funding quantum computing research but cutting other science budgets? (March13). https://www.washingtonpost.com/politics/2020/03/13/why-is-trump-funding-quantum-computing-research-cutting-other-science-budgets/. Accessed 17 August 2020

[21] Griffiths J(2019) The US just moved ahead of China in quantum computing. But the race isn't over(October 24). https://edition.cnn.com/2019/10/24/tech/china-quantum-computing-intl-hnk/index.html. Accessed 10 November 2020

[22] Guterl F(2020) As China leads quantum computing race, U.S. spies plan for a world with fewer secrets(Dec25). https://www.newsweek.com/2020/12/25/china-leads-quantum-computing-race-us-spies-plan-world-fewer-secrets-1554439.html. Accessed 25 December 2020

[23] Smith-Goodson P(2019) Quantum USA vs. quantum China:the world's most important technology race(Oct 10). https://www.forbes.com/sites/moorinsights/2019/10/10/quantum-usa-vs-quantum-china-the-worlds-most-important-technology-race/?sh=5860686872de. Accessed 11 December 2020

[24] Martin T W(2018) American tech firms are winning the R&D spending race with China(Oct 30). https://www.wsj.com/articles/american-tech-firms-are-winning-the-r-d-spending-race-with-china-1540873318. Accessed 8 February 2021

[25] Filser H(2021) The quantum race(June 04). https://www.horizons-mag.ch/2020/06/04/the-quantum-race/, https://www.swiss-quantum.ch/SwissQuantum.pdf, https://nccr-qsit.ethz.ch/about.html. Accessed 12 January 2021

[26] Ziv A(2019)Israel gets ready to join global quantum computing race(Dec 2). https://www.haaretz.com/israel-news/business/.premium-israel-gets-ready-to-join-global-quantum-computing-race-1.8202806. Accessed 20 January 2021

[27] Skoff G, Where is the Middle East in the quantum race? https://projectqsydney.com/where-is-the-middle-east-in-the-quantum-race/, accessed on Jan 21, 2021

[28] Fedorov A K, et al(2019)Quantum technologies in Russia. Quantum Sci Technol 4

第五篇

许多科学家试图将决定论和互补性作为结论的基础,而这些结论在我看来是脆弱的、危险的。

——路易斯·德布罗意

第 10 章
结语

本书中讨论的关于量子科学的激动人心、实实在在的成果怎么强调都不为过。量子力学是物理学的基本理论,到目前为止,科学家已经成功地在原子和亚原子粒子的尺度上认识了其物理性质的本质。目前,各种政府机构和主要行业机构都在深入参与量子技术前沿应用的研究、开发和创新。

即便到 21 世纪 30 年代开始时,量子科学及其应用恐怕仍然更多的是关于理论假设和一些新概念的验证。但科学家们确信,有些事实是存在的,它们与经典物理学并不相符,与量子物理学需要前进的方向也不相符。量子科学家们在量子领域的各种试验已经开始取得非常令他们鼓舞的结果。

量子技术利用原子、光子和电子的独特性质,最终有望帮助建立非常强大的信息处理工具。尽管如此,目前仍很难预测重要的量子突破何时会真正实现。只有在该领域继续进行研究,这些设想才有可能实现。量子技术改变人类整体生活方式的潜力如此之大,以至于世界各国都在持续努力研究这些技术,希望不要落后于其他国家。

世界各国都已经明白,争夺量子领导权不是短跑,而可能是马拉松。要想充分发挥量子物理的强大能力,可能需要几十年的时间才能在实践中实现。一般来说,人们需要有不同的方法来观测这项技术的成果。简单地说,如量子计算机,这是量子科学中最有争议的应用之一,当它们成为现实时,它们可能并不会取代现有的台式或笔记本电脑。预计这项技术的突破可能会是颠覆性的,但是,这可能并不等于完全取代现有技术。实际上,这种新技术有可能是一种可供使用的、额外的技术。例如,尽管基于量子的导航是可用的,但基于卫星的导航系统,如全球定位系统、北斗卫星导航系统等,还将继续存在。至少在初始阶段,量子技术不会是每个人都能负担得起的技术。

有预测说,量子计算机将来能够破解所有现有的加密形式。但是,这并不意味着它们会完全取代现有的技术。科学家认为,"经典世界"和"量子世界"可以共存。量子技术有望创造新的市场。目前,这些市场的规模和态势很难预测。一些基于外推法的评估表明,到 2025 年,市场规模可能超过 200 亿美元。

大多数人认为,这项技术的未来将由资金的性质决定。然而,需要记住的是,杰出的科学头脑的参与是必需的。此外,不应认为重大技术突破只能来自美国或中国等国家。其他国家的一些机构也可以在这个领域拥有自己的"尤里卡"时刻(传说古希腊哲学家、数学家、物理学家阿基米德接受国王的委托,要计算一顶王冠中所用黄金的纯度。灵感在阿基米德踏进浴盆的一刻降临,他顿悟了:物体在水中的浮力等于它排开水的重量!据说阿基米德兴奋地跳出浴盆,一路裸奔回家,大声喊着:"Heurēka!"这个古希腊词的意思是"我找到了"。此后,"尤里卡"时刻——英语为"Eureka"moment,成了人们在苦思冥想不得其解之后,灵光乍现、豁然开朗时的兴奋欢呼。——译者注)。目前,世界各国都在它们的量子技术计划中投入了合理数量的资源。显然,所有这些国家都渴望在这个领域出类拔萃,并且已经意识到它们不能落后于其他国家。

在现阶段,把所有投资都直接提供给这个军事"小天使"还为时过早,但随着技术的成熟,各国将会有更强有力的备选项来提高其军事能力,然后可能也会有许多类似这样的技术转向战略领域,用于军事用途。一些国家已经确定了国防应用的可能的、广泛的技术领域,并且已经开始对这种可能性进行研究。国防应用需要考虑许多重要方面,从网络安全到军事导航,这些颠覆性技术在未来可能会一言九鼎。从商业角度来看,如果军事技术经过实战测试,其重要性和意义会越来越大。因此,国防工业将尽可能抓住一切可能的机会,在实际战场上测试这些技术的有效性。

历史提醒我们,地缘政治局势因动荡而带来迫切需求,当国防研究面临交付压力时,大多数技术都会迅速成熟。在第二次世界大战和冷战期间,迫切需要快速发展军事技术。在此期间,导弹和空间技术领域出现重大发展。此外,像飞机、舰艇、潜艇和主战坦克等军事平台也发生了重大革命。从地缘政治的角度来看,当时来自武装部队的持续需求可能是推动各国加大军事技术研发投资的主要原因。如今,量子技术研究也从民用和军用领域获得了合理的支持。尽管如此,开发新军事技术的意愿并不迫切,但开发新军事技术的需求在冷战时期却显而易见。当然,21 世纪的战略挑战不同于冷战阶段。各国充分意识到,与对手相比,目前更需要的是提高整体军事实力,并且可能,为了进行军备竞赛和/或出于商业和地缘政治目的,而将新技术投入国防市场。目前,这种要求可能是国防机构批判性地看待军用级量子技术发展的原因。

1945 年后,特别是在西方世界,尚未出现大规模的战争,核时代所创造的特殊战略条件,可能是造成这种情况的重要原因之一。即使在冷战时期,重大的危机局势也只出现了一次,那就是古巴导弹危机(1959年美国在意大利和土耳其部署了中程弹道导弹雷神导弹和朱比特导弹,苏联重要的工业中心都处于核弹、战略轰炸机的直接威胁之下。作为反击,1962年,苏联决定在古巴部署中程导弹,提供伊尔-28喷气轰炸机,将几十枚导弹和几十架飞机拆开装到集装箱里运往古巴,每枚导弹都携带一个威力比在广岛的原子弹大20倍或30倍的核弹头。由于当时美国对苏联不仅具有核弹头大约5000∶300的压倒性优势,整个军事领域也都具有巨大优势,苏联难以承受战争的后果,经过与美国秘密谈判之后,当年11月11日,苏联部署在古巴的42枚导弹全部撤走,古巴危急解除。这是冷战期间苏美两大国之间最激烈的一次对抗。危机虽然仅仅持续了13天,但苏美双方在核按钮旁徘徊,使人类空前地接近毁灭的边缘,世界处于千钧一发之际。迄今为止,古巴导弹危机仍然被认为是人类存亡的最危险时刻,它险些酿成热核战争。——译者注)。即便处于核阴影下,和平却仍占据主流。在非西方战区,也有人将朝鲜战区和南亚战区没有发生任何重大战争归因于核武器的存在。可以说,核时代催生了某种形式的"礼仪式的战争",或者称为"形式化的战争"。核威慑在这里发挥了重要作用,降低了全面战争的风险。这种态势造成的结果,更多的是权力定位,而不是进入实际的对抗模式。在这种背景下,现代技术成为权力炫耀的主要工具。由于禁止核武器试验,核武器国家不再沉迷于发展任何新型核武器。因此,这些大国手中剩下的就是对与整个核设施相关的其他设备/系统进行技术升级和改造。拥核武器国家不断升级其各种魔鬼武器机制,即加强其导弹、飞机和潜艇的核三位一体机制。大部分工作其实是微调与核装置相关的各种预警和情报收集机制。此外,升级指挥和控制中心及修改现有条令等活动都是例行常规的动态程序。高超声速导弹、改进的弹道导弹防御系统、自主武器系统和各种其他新兴技术,目前也正在作为可能改变现有核武器架构面貌的技术被讨论着。就全球核秩序而言,很多人都在谈论人工智能有可能带来的革命。在这种背景下,如何看待量子技术的军事重要性也很重要。

21世纪世界的地缘政治和地缘战略版图与冷战时期大不相同。国家间的竞争继续存在,但即使在无核武器国家之间,爆发全面战争的可能性也大大降低了。至少在可预见的未来,目前的体系似乎是一个防止战争爆发的稳定体系。当前,美国和中国都在从商业和军事的角度看待量子技术。量子技术更多地属于一种未来军事用途的技术,本质上是一种能够提供更大威慑价值的技术。可能是由于这种技术尚处于初期阶段,以及在大国间在不久的将来爆发全面战争的可能性较小,在中美两国间,所谓的紧迫军事需求并不明显。因此,民用部门(包括国家机构和私营机构)的投资和创新有望基本上引领量子技术革命。随后,国防领域可能会发生所谓的量子技术革命。预计这种性质的任何重大革命都会影响战争的未来。

2001年9月11日美国世贸中心发生恐怖袭击后,世界一直主要处于战争的笼罩之下,这在本质上属于不对称战争。各种战争形式有一个共同点,像不对称战争一样,常规战争或核战争也需要正确和及时的情报,并确保自己的军事系统免受任何外部攻击。确保稳定可靠的交换网络是任何武装部队的基本需要。在这方面,量子技术可以在确保最安全的因素之一——可用性方面,发挥重要作用。它可以加快长距离的加密密钥交换,同时保持安全,这使得量子技术适合确保国家安全通信。目前,在安全通信领域非常依赖信息技术、机器人和空间技术,而量子密码学可能是最适合这种目的的技术。从导航到潜艇探测,再到雷达,各种与军事相关的系统都可以使用量子技术来开发,这在战争中具有重要意义。从战术层面来说,量子传感器可以被军方用来非常精确地跟踪和瞄准敌军。因此,预计在技术成熟后,大国和中等强国都会被这种技术吸引,将其用于军事用途。如果国防工业专攻这一新兴技术领域,那么国防工业的增长空间也很大。

本书中讨论的量子科学的所有主要应用,如量子计算、量子互联网、量子通信和量子密码,都有望与军方直接或间接相关。由于这些技术仍未在军事背景下进行测试,因此确定它们的确切的军事适用性尚有难度。目前,在量子技术领域,很难设定一个一致的现实,因此,本书只讨论可能的军事应用。随着技术的全面发展,有可能会开发出更细致入微的军事应用。

目前,中国似乎是世界量子研究的引领者。众所周知,中国在量子技术领域的专利申请量远高于其他各国,中国科学家在量子通信和计算领域确实有一些不错的成就,这些技术也具有军事意义。而美国则受益于其私立机构(谷歌、IBM等)。基于这些私立机构的贡献,美国已经达到了实现量子优势的里程碑,这对该技术的运作具有重要意义。中国和美国给人的印象是在各种量子技术的发展上相互竞争,目前中国处于优势地位。中国发射的量子卫星"墨子号"成功地在相距1000多km的两个地面站之间建立了超安全链路,这被认为是重大成就之一。在这个项目中,中国与欧盟进行了合作。值得注意的是,在各种各样的技术开发或合作中,中国通常被视为"孤独"的国家,孤立地研究自己的任务。然而,这种模式在量子领域有所突破。因此,在中国成功组建一些量子领域志同道合的非正式国家集团之前,如果想成为量子领域的全球领导者,美国就需要做出回应。现在,对于美国来说,重要的是迅速召集包括欧盟在内的世界其他地区的其他重要利益相关者,组成一个量子技术发展联盟。

重要的是,不要透过冷战时期的棱镜,来看待人们眼中的中-美量子技术竞赛。冷战时期的竞赛更多的是苏联对美国核霸权的核挑战。目前的挑战是先发展技术,然后决定技术的未来,特别是在军事领域。有趣的是,这项技术的优势在于其维护和/或操纵数据安全的能力,显然有主要的军事角度与之相关。影响某些加密算法安全性的能力,使这项技术在一开始就做好了军事应用的准备。因此,即使在技术发展的早期阶段,讨论量子武器竞赛似乎也很重要。目前,这场竞赛更多的是关于投资的性质,以及为量子技术的发展创造的物理的和政策的整体技术架构。毋庸置疑,获得技术优势的一方,有可能引领全球量子技术革命。

中美量子技术竞赛的话题可能会继续下去,因为这对两个国家而言都有很大的利害关系。在投资和创新方面,中国似乎略胜美国一筹。然而,现在说谁是这场量子技术竞赛的赢家还为时过早。这本质上是因为真正的竞赛只有在技术成熟之后才会开始。目前这两位选手都只是在认真地热身。

除了中国和美国,很少有其他国家也在量子技术方面进行重要投资。有些国家从量子2.0阶段开始就已经专注于量子技术的研究工作。也有例外,有些国家也可能会后发制人。广义而言,几乎每个参与量子相关研究的机构都可以说是在进行技术开发竞赛。当这些技术试验达到一个合理的门槛时,主要大国就有望大胆进入基于量子的国防技术领域。

太空时代始于1957年苏联发射人造卫星。冷战见证了外层空间领域更多的、独领风骚的技术。从尤里·加加林成为访问太空第一人,到美国对人类登月阿波罗计划的投资,都是为了利用技术成功来展示战略优势。过去的太空技术竞赛,如今在21世纪被视为太空军备竞赛,因为太空武器和反太空能力正在迅速成为现实。太空已经成为战争的一个新维度,像美国这样的大国已经建立了独立的太空作战军事力量。量子技术是否会遵循类似的发展趋势?在网络战和太空战的战线以外,会不会出现一个完全不同的战争分支,比如量子战?只有时间才能给出答案。但今天,量子技术为全球导航等天基系统提供了一种替代方案。随着量子技术的进一步成熟,有可能会有更多与军事相关的选项,其中一些可能会取代现有的天基选项。更重要的是,量子技术有能力掌控数字时代。因此,在未来,量子技术竞赛甚至可能可以取代当今最具争议的竞赛之一——太空竞赛。

量子计算机将开始颠覆现有的安全系统,所谓的安全通信系统将开始变得脆弱,这只是时间问题。针对这种可能性,科学家们已经开始寻求解决未来这种问题的方案。最好早点开始,时刻保持准备,已经成为共识。这项工作已经在后量子加密领域展开,以确保下一代信息安全。有些机构已经开始开发针对可能的量子威胁的防护措施。军事领导人必须注意到这一点。预计在不久的将来,一旦这种武器系统的确切性质变得更加清晰,技术专家将开始设计和开发针对基于量子技术的武器的反制措施。在未来,像开发反制措施和开发反制措施这样的典型军事技术热潮很可能会开始。

通常情况下,各种军事技术都被多种争议所包围,这主要是出于政治和商业原因。对于一些现有的和未来的军事技术的有效性,存在各种不同的看法。一些技术已经被认为非常残忍和不人道,甚至从战争的角度来看也是如此。人们还经常发现,一些技术卷入了从人权到法律制度,再到国际公约的各种问题。关于控制某些军事技术传播的必要性,已经有了很多讨论,量子技术也已经成为此类辩论的一部分。在全球范围内,也出台了各种法规来控制少数军事技术的传播,还制定了一个明确的国际机制来检查一些最令人发指的军事技术。现有的条约机制监测和控制与核武器、生物武器和化学武器有关的各种活动。多边机构如联合国,以及包括非政府组织在内的少数其他机构都在非常积极地遵循政策,以管理与军事技术危险相关的不同事件。最近,在缔结一项禁止激光致盲武器的议定书和禁止地雷方面取得了重大成功(《渥太华条约》)。这并不是说世界上每个国家都接受(并签署)这些机制,但大多数国家都接受了。总的来说,在与裁军、军备控制、出口管制和不扩散有关的各个方面都有非常积极的政策。关于控制像杀手机器人、致命自主武器系统和基于人工智能的武器这样的武器系统的必要性,正在进行一些辩论。目前正在就是否需要在联合国主持下制定具有潜在军事用途的新技术的准则进行辩论。需要特别指出的是,对军民两用技术的监管一直存在问题。

由此看来,有必要在量子武器的道德、伦理、必要性和军事功效之间建立正确的平衡。当认识到量子武器可能扩散,并且量子武器可能成为现实时,将需要政策制定者、监管者和量子技术产业(包括民用和军用)提前解决与军备控制和不扩散相关的问题。这种技术对和平与安全的潜在影响问题,可能也会时不时被提出。

随着业界对各种量子技术应用的开发,如果不及时采取措施,则将很难控制这项技术的可疑的/秘密的传播。量子技术可以为完全自主的武器系统、基于人工智能的武器系统和使用其他新兴技术的武器系统提供基础。这些武器系统涉及各种伦理问题,需要引起高度重视。因此,在近期或远期推动任何国际体制的努力落地之前,需要开展一些早期的辩论。联合国可以任命一个政府专家组,就广泛概述全球量子议程的问题展开全球辩论,并确定最适合处理量子技术军事方面问题的国际法原则(如国际人道主义法)。可能还有其他选项,如任命一个不限成员名额的工作组。重要的是,在技术发展的早期阶段组织这样的辩论;否则即使在军事领域合理使用量子技术,也有可能产生这样那样的问题。不拥有这项技术的国家可能会以某种借口试图禁止这种技术,甚至可以有选择地利用行业竞争达到他们的目的,这可能不利于未来的技术增长。

也很少有反对者挑战量子技术本身的实际意义。关于各种可能的技术突破的有效性,也存在一些问题。对于实际上实现量子优势有什么作用,一直存在一些争论。毫无疑问,这是一项伟大的科学成就,但本质上,这种发明有什么实际应用吗?这里可以和过去关于纳米技术的争论做一些比较。当纳米技术作为一种开创性的技术出现时,一些人说它是"拿着解决方案寻找问题"!可能很少有人沿着类似的思路看待量子领域的创新。然而,最有可能的是,当量子技术完全成熟时,世界将已经完全准备好采用它。

新冠肺炎疫情后的世界对量子领域的热情会减少吗,特别是,如果投资枯竭的话呢?这会导致所谓的"量子冬天"的到来吗?很有可能,科学组织会试图重新适应这个新的现实,并继续他们的工作。世界正面接受了新冠肺炎危机的冲击,并且仍然能够相当好地运行,主要是因为它已经迅速调整自己,以数字化方式运行。量子技术被视为超越现有数字世界的技术。显然,新冠肺炎危机已经告诉世界,最终,技术才是世界的拯救者。如今,各国和其他私人机构承担不起中途退出"量子技术项目"的后果,因为这不仅关系到一项新技术的发展,而且关系到世界的未来。